Johannes Kirnbauer

Der Vakuummischprozess zur Herstellung von UHPC

Johannes Kirnbauer

Der Vakuummischprozess zur Herstellung von UHPC

Anwendung und Einflüsse auf Frisch- und Festbetoneigenschaften von Ultra High Performance Concrete (UHPC)

Südwestdeutscher Verlag für Hochschulschriften

Impressum / Imprint
Bibliografische Information der Deutschen Nationalbibliothek: Die Deutsche Nationalbibliothek verzeichnet diese Publikation in der Deutschen Nationalbibliografie; detaillierte bibliografische Daten sind im Internet über http://dnb.d-nb.de abrufbar.
Alle in diesem Buch genannten Marken und Produktnamen unterliegen warenzeichen-, marken- oder patentrechtlichem Schutz bzw. sind Warenzeichen oder eingetragene Warenzeichen der jeweiligen Inhaber. Die Wiedergabe von Marken, Produktnamen, Gebrauchsnamen, Handelsnamen, Warenbezeichnungen u.s.w. in diesem Werk berechtigt auch ohne besondere Kennzeichnung nicht zu der Annahme, dass solche Namen im Sinne der Warenzeichen- und Markenschutzgesetzgebung als frei zu betrachten wären und daher von jedermann benutzt werden dürften.

Bibliographic information published by the Deutsche Nationalbibliothek: The Deutsche Nationalbibliothek lists this publication in the Deutsche Nationalbibliografie; detailed bibliographic data are available in the Internet at http://dnb.d-nb.de.
Any brand names and product names mentioned in this book are subject to trademark, brand or patent protection and are trademarks or registered trademarks of their respective holders. The use of brand names, product names, common names, trade names, product descriptions etc. even without a particular marking in this works is in no way to be construed to mean that such names may be regarded as unrestricted in respect of trademark and brand protection legislation and could thus be used by anyone.

Coverbild / Cover image: www.ingimage.com

Verlag / Publisher:
Südwestdeutscher Verlag für Hochschulschriften
ist ein Imprint der / is a trademark of
OmniScriptum GmbH & Co. KG
Heinrich-Böcking-Str. 6-8, 66121 Saarbrücken, Deutschland / Germany
Email: info@svh-verlag.de

Herstellung: siehe letzte Seite /
Printed at: see last page
ISBN: 978-3-8381-3801-5

Zugl. / Approved by: Wien, TU, Diss., 2013

Copyright © 2014 OmniScriptum GmbH & Co. KG
Alle Rechte vorbehalten. / All rights reserved. Saarbrücken 2014

Inhaltsverzeichnis

1	Einleitung	5
2	Ultra High Performance Concrete (UHPC) – Stand der Technik	10
2.1	Anwendungsbeispiele von UHPC	10
2.2	Überblick über die betontechnologischen Maßnahmen zur Herstellung von UHPC	19
2.3	Packungsdichte	20
2.3.1	Modellierung von Einkornpackungen	24
2.3.2	Modellierung von Zweikornpackungen	27
2.3.3	Modellierung von Mehrkornpackungen	30
2.3.3.1	Dreiphasendiagramme	30
2.3.3.2	Das Modell von Fuller und Thompson	31
2.3.3.3	Linear Packing Density Model (LPDM) und Solid Suspension Model (SSM)	31
2.3.3.4	Das Modell nach Schwanda	35
2.3.3.5	Computersimulationen	39
2.4	Bestandteile und Zusammensetzung	40
2.4.1	Zement	40
2.4.2	Zusatzstoffe	41
2.4.3	Gesteinskörnung	42
2.4.4	Zusatzmittel	43
2.4.5	Wasser	47
2.4.6	Fasern	49
2.4.7	Anwendungszwecke und Wirkungsweisen von Fasern im Beton	53
2.4.8	Textile Bewehrungssysteme	57
2.5	Mischen, Einbauen und Nachbehandlung	58

	2.5.1	Mischtechnik	59
	2.5.2	Mischdauer	61
	2.5.3	Mischwerkzeug und Werkzeuggeschwindigkeit	64
	2.5.4	Mischreihenfolge	65
	2.5.5	Mischen unter Vakuum	66
	2.5.6	Transport und Einbau des Frischbetons	67
2.6		Nachbehandlung bei höheren Temperaturen	68
2.7		Mikrostruktur	69
2.8		Druckfestigkeit und Elastizitätsmodul	70
2.9		Zugfestigkeit und bruchmechanische Kenngrößen	72
2.10		Ableitung der eigenen Forschungsziele vom Stand der Technik	80
3		Versuchseinrichtungen und Versuchsdurchführung	84
	3.1	Herstellung des Frischbetons	84
	3.2	Prüfung der Frischbetoneigenschaften	86
	3.2.1	Bestimmung des Luftgehalts und der Frischbetonrohdichte	86
	3.2.2	Ausbreitmaß bzw. Ausbreitfließmaß	86
	3.3	Prüfung der mechanischen Eigenschaften	87
	3.3.1	Biegezugfestigkeit	87
	3.3.2	Spaltzugfestigkeit	87
	3.3.3	Druckfestigkeit	88
	3.3.4	Statischer E-Modul	89
	3.3.5	Bestimmung des Schwindens und des Quellens	89
	3.3.6	Bestimmung bruchmechanischer Kenngrößen - Keilspaltmethode	90
	3.4	Untersuchung zur Mikrostruktur mit dem Quecksilberporosimeter	94
4		Experimentelle Untersuchungen	97
	4.1	Bezeichnungen und Farbcode	97

4.2 Mischwerkzeug, Entlüftungsdauer und Höhe des Unterdruckes .. 99
    4.2.1 Mischungsentwurf und Versuchsplanung 99
    4.2.2 Frischbetonprüfung 102
    4.2.3 Festbetonprüfung 107
        4.2.3.1 Biegezugfestigkeit 107
        4.2.3.2 Druckfestigkeit 112
    4.2.4 Schlussfolgerungen aus den Untersuchungen zu Mischwerkzeug, Entlüftungsdauer und Höhe des Unterdruckes 116
4.3 Vakuummischprozess in Kombination mit unterschiedlichen Nachbehandlungsmethoden 118
    4.3.1 Mischungsentwurf und Versuchsplanung 118
    4.3.2 Frischbetonprüfung 121
    4.3.3 Festbetonprüfung 122
        4.3.3.1 Prüfzeitpunkt 122
        4.3.3.2 Biegezugfestigkeit 123
        4.3.3.3 Spaltzugfestigkeit 127
        4.3.3.4 Druckfestigkeit 130
    4.3.4 Untersuchungen zur Porosität mit dem Quecksilberporosimeter 134
    4.3.5 Schlussfolgerungen aus den Untersuchungen zu Vakuummischprozess in Kombination mit unterschiedlichen Nachbehandlungsmethoden 138
4.4 Vakuummischprozess und Fasern 140
    4.4.1 Mischungsentwurf und Versuchsplanung 140
    4.4.2 Frischbetonprüfung 145
    4.4.3 Festbetonprüfung 149
        4.4.3.1 Prüfzeitpunkt 149

	4.4.3.2 Biegezugfestigkeit	149
	4.4.3.3 Spaltzugfestigkeit	159
	4.4.3.4 Druckfestigkeit	166
	4.4.3.5 Vergleich der unterschiedlichen Einflüsse auf die betrachteten Festigkeiten	173
	4.4.3.6 E-Modul	175
	4.4.3.7 Schwinden	177
	4.4.4 Schlussfolgerungen aus den Untersuchungen zu Vakuummischprozess und Fasern	182
4.5	Bruchmechanische Kenngrößen	184
	4.5.1 Mischungsentwurf und Versuchsplanung	184
	4.5.2 Frischbetonprüfung	186
	4.5.3 Festbetonprüfung	187
	4.5.3.1 Prüfzeitpunkt	187
	4.5.3.2 Biegezugfestigkeit	187
	4.5.3.3 Druckfestigkeit	188
	4.5.3.4 Kerbzugfestigkeit und spezifische Bruchenergie	189
	4.5.3.5 Vergleich der unterschiedlichen Einflüsse auf die betrachteten Festigkeitseigenschaften	192
	4.5.4 Schlussfolgerungen aus den Untersuchungen zu den bruchmechanischen Kenngrößen	197
5	Zusammenfassung und Ausblick	198
6	Literatur	204

1 Einleitung

Das Bestreben der Architekten und Bauingenieure, die tragenden Werkstoffe des Bauwesens immer weiter zu entwickeln und damit immer größere, höhere und weiter gespannte Tragkonstruktionen zu bauen, hat zur Entwicklung von hochfesten und in den letzten Jahrzehnten zu ultrahochfesten Betonsorten geführt. Die Druckfestigkeiten liegen dabei weit über den heutigen Normfestigkeitsklassen und können auch unter baupraktischen Bedingungen bis zu 200 MPa erreichen.

Hochleistungsbeton als innovativer und entwicklungsfähiger (Verbund-) Baustoff hat in Mitteleuropa eine 100-jährige Entwicklungs- und Erfolgsgeschichte. Schon in Österreich-Ungarn wurden an der Technischen Hochschule in Wien (*v. Emperger* und *Saliger*) viele Aktivitäten und Bemühungen zu Klärung des Tragverhaltens von Beton und „Eisenbeton"-Bauwerken gesetzt [1]. Es wurden unter anderem groß angelegte Versuchsreihen zur Differenzierung bzw. Klassifizierung und Erhöhung der Betondruckfestigkeiten bzw. der zulässigen Betondruckspannungen vorgenommen [2].

Schon in den 1940er-Jahren rechnete *Halasz* (Berlin) vor, wie bei druckbeanspruchten Betonbauteilen mit einer Druckfestigkeit von 60 MPa eine Gewichts- bzw. Massen-ersparnis von 30 % realisiert werden konnte. Diese Entwicklung wurde in Deutschland Anfang der 1950-er Jahre von *Graf* (Erreichung von Betondruckfestigkeiten von 75 MPa) und später von *Walz* fortgesetzt. Er schaffte es schon 1966 – mit einer Mischung aus Basaltzuschlägen mit einem Größtkorn von 25 mm und Portlandzement der Festigkeitsklasse 42,5 sowie einer zusätzlichen Druckbeaufschlagung während des Erhärtens – „Rekord"-Druckfestigkeiten bis zu 140 MPa zu erreichen, indem der Wasserzementwert auf w/z = 0,32 gesenkt wurde [3].

Da Zementstein – aus den drei „traditionellen" Beton-Komponenten (Wasser + Zement + Zuschlagskörnungen) – das schwächste Ketten-Glied im „Verbundwerkstoff-Kettengliedverband" Beton darstellt, zielte die damals radikale Reduzierung des Wasserzementwertes und die nachträglich

Einleitung

aufgebrachte Druckbeanspruchung vor allem auf eine Festigkeitserhöhung des Zementsteins mittels Verminderung seiner Porosität. Damit wurden bereits vor einem halben Jahrhundert die prinzipiellen betontechnologischen Grundlagen für die zielsichere Projektierung bzw. Herstellung von Hochleistungsbeton mit modifizierten Mischungsbestandteilen geschaffen, und eine Art „Basiswissen" für die spätere Entwicklungsarbeit auf dem Gebiet der Hochleistungsbetone.

In den letzten drei Jahrzehnten haben einige revolutionäre Entwicklungen der Betonbauweise neue Gestaltungs- und Ausführungsmöglichkeiten eröffnet.

Die Entdeckung von Silikastaub als Betonzusatzstoff Mitte der 1980er Jahre und die Entwicklung extrem leistungsfähiger Verflüssiger in den 1990er Jahren ermöglichte die Entwicklung von neuartigen Betonen mit herausragenden Eigenschaften. Wie auch in anderen Bereichen strebte man im Betonbau ebenfalls nach höherer Festigkeit und besserer Dauerhaftigkeit bei einer gleichzeitig leichteren und schnelleren Verarbeitung des Betons.

Diese neuen Möglichkeiten führten Anfang der 1990er Jahre in Frankreich und Kanada (*Bouygues S.A. Scientific Division*) zur Entwicklung des sogenannten Beton le Poudres Réactives (BPR) oder Reactive Powder Concrete (RPC) [4], [5], [6]. Als allgemeiner Ausdruck hat sich im englischsprachigen Raum Ultra High Performance Concrete (UHPC) und im deutschsprachigen Raum der Ausdruck Ultra-Hochleistungsbeton (UHLB) entwickelt. Werden dem Beton zur Verstärkung Fasern zugegeben, wird meist die Bezeichnung Ultra High Performance Fibre Reinforced Concrete (UHPFRC) verwendet. Gemeint sind damit Betonsorten mit einer Druckfestigkeit, die weit über die höchste genormte Festigkeitsklasse C100/115 nach EN 206-1 hinausgeht. Darüber hinaus ist es die hervorragende Dauerhaftigkeit, die den Begriff Ultra-Hochleistungsbeton rechtfertigt.

UHPC erreicht derzeit ohne spezielle Nachbehandlungsverfahren eine Druckfestigkeit von rund 200 MPa. Die Druckfestigkeit kann mit speziellen Wärmenachbehandlungsverfahren noch wesentlich gesteigert werden.

Der unbewehrte Beton weist jedoch ein äußerst sprödes Bruchverhalten auf. Durch die Zugabe von Fasern kann aber ein duktiles Versagen sichergestellt werden und die Biegezugfestigkeit auf bis zu 70 MPa gesteigert werden. Die Entwicklung textiler Bewehrungssysteme schreitet derzeit ebenfalls zügig voran, was weitere, bisher nahezu unmögliche Konstruktionen und Formen erlaubt.

Mit UHPC sind sehr leichte, aufgelöste und filigran anmutende Konstruktionen möglich, die eher an Stahlbauten erinnern als an massige Betonbauten.

Ein nicht zu vernachlässigender Aspekt ist der hohe Fein- und Feinststoffgehalt, auf Grund dessen sich die Oberfläche der Schalung bis ins kleinste Detail abbilden lässt. Dadurch können architektonisch höchst anspruchsvolle Bauteile realisiert werden. Seit einigen Jahren werden die Vorzüge von UHPC auch abseits des Bauwesens, beispielsweise im Kunst- und Designbereich, erkannt. Die Herstellung von Sanitärobjekten, wie Waschbecken oder Badewannen, lässt sich genauso realisieren wie Küchenarbeitsplatten, Betonmöbel und Kunstobjekte für den Innen- und Außenbereich bis hin zu Tableware.

Im Maschinenbau kommt UHPC für die Herstellung von Maschinenbetten zur Anwendung.

Aus wirtschaftlicher Sicht kann ein Großteil der wesentlich höheren Kosten gegenüber Normalbeton bereits durch einen geringeren Materialverbrauch wettgemacht werden. Über die Lebensdauer eines Bauwerks gerechnet, können sich wegen geringerer Erhaltungs- und Sanierungskosten bereits geringere Kosten als bei der Verwendung von Normalbeton ergeben. Je nach Dimension des Bauwerks können auch Flächengewinne auf Grund kleiner Bauteilquerschnitte wirtschaftliche Vorteile bringen.

Derzeit gibt es noch keine verbindlichen Regelwerke, die die Herstellung und Prüfung des Betons sowie die Bemessung von Bauteilen regeln. Jedes Bauteil aus UHPC braucht deshalb eine eigene bauaufsichtliche Zulassung, was meist mit sehr hohem Prüfaufwand an maßstäblichen bzw. teilweise auch an 1:1-Modellen für Nachweiszwecke verbunden ist. Viele Forschungsarbeiten beschäftigen sich daher damit, die Eigenschaften des Betons zu charakterisieren und geeignete Bemessungsverfahren zu entwickeln, so dass daraus Standards für die Herstellung, Prüfung und Bemessung entstehen können, um diesen noch jungen Hochleistungsbaustoff für eine breite Anwendung zugänglich zu machen.

Die hervorragenden Eigenschaften von UHPC beruhen im Wesentlichen auf einer Reihe von betontechnologischen Maßnahmen zur Steigerung der Dichtigkeit und zur Homogenisierung des Gefüges durch die Reduzierung von Schwach- und Fehlstellen. Luftporen im Beton stellen in Bezug auf die Festigkeit und Dauerhaftigkeit solche Fehlstellen dar. Mit Hilfe des Vakuummischprozesses gelingt es bereits beim Mischen, den Luftgehalt zu reduzieren. Dadurch wird die notwendige Verdichtung bzw. Entlüftung weitgehend von der Konsistenz und Einbaumethode des Betons unabhängig. Zu Beginn dieser Arbeit im Jahre 2008 lagen noch kaum genauere Untersuchungen zu den Einflüssen des Vakuummischprozesses auf die Eigenschaften von UHPC vor. Der Vakuummischprozess wurde zwar öfters angewendet, und es war bekannt, dass der Luftgehalt des Frischbetons bereits beim Mischen reduziert werden kann. Dadurch wird die Fließfähigkeit des Betons beeinflusst und die Druckfestigkeit kann auf Grund der kaum mehr vorhandenen Verdichtungsporen gesteigert werden. Systematische Untersuchungen zum Vakuummischprozess selbst, zur gegenseitigen Beeinflussung der Auswirkungen von Vakuummischprozess und unterschiedlichen Wärmebehandlungen, sowie der Verwendung unterschiedlicher Fasern und den damit verbundenen Einflüssen auf die Eigenschaften von UHPC, konnten zu diesem Zeitpunkt nicht recherchiert werden.

Das Ziel dieser Arbeit sind nun derartige Untersuchungen, deren Ergebnisse zur Beurteilung der Auswirkungen des Vakuummischprozesses beitragen können. Alle Einflüsse auf eine ganze Reihe von Eigenschaften von UHPC werden getrennt quantifiziert, was einen direkten Vergleich mit dem Einfluss des Vakuummischprozesses auf bestimmte Eigenschaften des

Einleitung

Betons zulässt. Beispielsweise lässt sich daraus erkennen, wie groß die Steigerung der Druckfestigkeit durch den Vakuummischprozess im Vergleich zu einer bestimmten Wärmebehandlung sein kann, und vor allem wie groß die Steigerung ausfallen kann, wenn beide Maßnahmen gleichzeitig angewendet werden.

Die ausgeführten Untersuchungen umfassen schwerpunktmäßig

1. die Einflüsse der Mischreihenfolge, des Mischwerkzeuges sowie der Dauer und der Höhe des angelegten Unterdruckes während des Vakuummischprozesses im Hinblick auf die Frisch- und Festbetoneigenschaften,
2. die Auswirkungen verschiedener Nachbehandlungsmethoden auf die Eigenschaften vakuumgemischter Betone,
3. die Leistungsfähigkeit des Vakuummischprozesses im Hinblick auf das Entfernen der zusätzlich durch das Einmischen von Fasern eingebrachten Luft in den Frischbeton und die Auswirkungen auf die Eigenschaften des Faserbetons bei der Zugabe unterschiedlicher Fasern in Kombination mit einer Wärmebehandlung,
4. die Auswirkungen des Vakuummischprozesses auf bruchmechanische Kenngrößen von UHPC mit und ohne Fasern, sowie bei unterschiedlichen Wärmebehandlungen.

Für jede Versuchsreihe wurden die Auswirkungen des Vakuummischprozesses auf die wesentlichen Frisch- und Festbetoneigenschaften ermittelt, dargestellt und ausgewertet. Die Ergebnisse dieser Untersuchungen liefern einen Beitrag zur Entscheidungsfindung, wenn es um den Einsatz des Vakuummischprozesses bei einer spezifischen Aufgabenstellung geht.

2 Ultra High Performance Concrete (UHPC) – Stand der Technik

2.1 Anwendungsbeispiele von UHPC

Gleich zu Beginn werden einige Beispiele vorgestellt, bei denen UHPC bereits angewendet wurde. Die Einsatzmöglichkeiten gehen dabei weit über das klassische Bauwesen hinaus, und es ist zu erwarten, dass in naher Zukunft noch weitere Anwendungsgebiete erschlossen werden.

Es existiert mittlerweile eine ganze Reihe von Bauwerken aus UHPC. Im Folgenden werden nur einige davon vorgestellt, um die Leistungsfähigkeit dieses Baustoffs darzustellen.

Seit 1997 überspannt die „Sherbrooke Footbridge" mit einer Spannweite von 60 m den Fluss Magog in Sherbrooke, Kanada (Abbildung 1). Diese Fußgänger- und Radfahrer-Brücke ist weltweit das erste Bauwerk, bei dem mit Stahlfasern verstärkter UHPC mit einer Druckfestigkeit von 200 MPa verwendet wurde. Das extern vorgespannte Tragwerk kommt ohne konventionelle Stahlbewehrung aus, und durch die aufgelöste, schlanke Konstruktion erweckt die Ansicht die Erinnerung an ein Stahltragwerk [7].

Abbildung 1: Fußgängerbrücke über den Fluss Magog in Sherbrooke, Kananda [7]

In den folgenden Jahren wurden verstreut über die ganze Welt weitere Fußgängerbrücken errichtet. Im Jahr 2006 wurde die erste Fußgänger-

Brücke im deutschsprachigen Raum in Kassel errichtet. Die bis jetzt größte Spannweite mit 120 m weist die 2002 errichtete „Seonyu Footbridge" in Seoul, Südkorea auf (Abbildung 2).

Abbildung 2: „Seonyu Footbridge", Südkorea [8]

Die weltweit erste Straßenbrücke mit einem Bogentragwerk aus UHPC wurde 2010 in Völkermarkt, Österreich eröffnet. Die Segmente der beiden vorgespannten Bögen sind als dünnwandige, achteckige Kastenquerschnitte ausgebildet. Die Brücke ist 157 m lang und die Stützweite der Bögen beträgt 70 m (Abbildung 3).

Abbildung 3: Wild-Brücke in Völkermarkt, Österreich [9]

Auch der Bau von Hochhäusern bietet großes Potential für die Verwendung von hochfestem und ultrahochfestem Beton. Bereits im Jahre 1988 wurde in Seatle, USA, das „Two Union Square Building" mit einer Höhe von 226 m errichtet. Für die Stahl-Beton-Verbundstützen wurde ein konventioneller, hochfester Beton mit einer „Rekord"-Druckfestigkeit von 131 MPa verwendet [10]. Die aktuell höchsten Gebäude der Welt, wie z. B. die „Petronas Twin Towers" in Kuala Lumpur (451 m), das „Taipe Finacial Center – Taipe 101" in Taiwan (509 m) oder das „Burdj Khalifa" in Dubai (829 m), wurden unter Verwendung von hochfesten Betonen errichtet. Die genannten Hochhäuser sind in Abbildung 4 dargestellt.

Abbildung 4: Hochhäuser (von links nach rechts): „Two Union Square Building", USA [11]; „Petronas Twin Towers", Malaysia [12]; „Taipe 101", Taiwan [13]; „Burdj Khalifa", Dubai [14]

Die folgende Betrachtung von *Rümelin* [15] soll zeigen, welche Bedeutung UHPC bei der Errichtung von hohen Bauwerken in Zukunft zukommen könnte.

Mit den heute zur Verfügung stehenden Baumaterialien sind Bauhöhen bis etwa 900 m möglich. Für einen beliebig hohen Stab mit einer Grundfläche von 1x1 m lässt sich die maximale Höhe (Druckbruchlänge), die zufolge des Eigengewichts zu einer Belastung bis zur Druckfestigkeit des Materials führt, mit Gleichung (1) herleiten:

$$\sigma_{max} = \frac{N}{A} = \frac{\rho \cdot l \cdot b \cdot h}{l \cdot b} = \rho \cdot h \qquad (1)$$

Ultra High Performance Concrete (UHPC) – Stand der Technik

Durch Umstellen der Gleichung (1) ergibt sich die maximale Höhe (Druckbruchlänge) h_{max} nach Gleichung (2):

$$h_{max} = \frac{\sigma_{max}}{\rho} \qquad (2)$$

mit:

σ_{max}	Druckfestigkeit
N	Normalkraft
A	Querschnittsfläche
ρ	Rohdichte
l	Querschnittslänge
b	Querschnittsbreite
h	Höhe des Stabes
h_{max}	maximale Höhe des Stabes

Da die Konstruktion nicht nur sich selbst, sondern auch andere Lasten tragen muss, wird die praktisch zu erreichende Höhe als 1/5 der aus dem Eigengewicht resultierenden Maximalhöhe angenommen. Zusätzlich wird ein Sicherheitsfaktor von 50 % für alle Materialen angenommen. Die so berechneten und in Tabelle 1 dargestellten praktischen Bauhöhen verdeutlichen, dass UHPC für den Bau zukünftiger Hochhäuser wohl unverzichtbar sein wird [15].

Tabelle 1: Maximal mögliche Bauhöhen mit unterschiedlichen Materialien

Material	Rohdichte [kN/m³]	Druckfestigkeit bei einem globalen Sicherheitsfaktor von 50 % [MPa]	h_{max} aus Eigengewicht (Druckbruchlänge) [m]	h_{max} praktisch [m]
Beton C20/25	25	10	400	80
Beton C50/60	25	15	600	120
Beton C100/115	78,5	50	200	400
Stahl S235	78,5	120	1528	305
Stahl S355	25	180	2293	459
UHPC 200	25	100	4000	800
UHPC 400	25	200	8000	1600
UHPC 800	25	400	16000	3200

Baustahl hat im Vergleich zu Beton ein sehr hohes Eigengewicht, und die Festigkeit lässt sich nicht wesentlich steigern. Eine Steigerung der Bauhöhe führt bei reinen Stahlkonstruktionen daher immer zu einem ungünstigeren Verhältnis von Verkehrslast zu Eigengewicht. Dieses Verhältnis kann anschaulich auch als Verhältnis von Stützenfläche zu Nutzfläche gedeutet werden und ist bei steigender Bauwerkshöhe nur mit höheren Druckfestigkeiten auf einem gleichbleibenden Niveau zu halten [15].

In Zusammenhang mit dem Bau von hohen, turmartigen Gebäuden in Kombination mit der hohen Dauerhaftigkeit (Widerstand gegen chemischen und physikalischen Angriff) dieses Betons könnten auch bald die Tragkonstruktionen von Off-Shore-Windkraftanlagen aus UHPC gefertigt werden.

Es besteht nicht nur die Möglichkeit, mit UHPC größte Bauwerke zu errichten, sondern auch sehr kleine Bauteile mit einer Länge von nur 8 bis 12 cm herzustellen. Ein speziell für die Anwendung als Drucklager für Querkraftanschlüsse von auskragenden Fassadenbauteilen (z.B. Balkonplatten) entwickelter UHPC ersetzt einen üblicherweise für solche Bauteile verwendeten Edelstahldruckstab. Die Wärmeleitfähigkeit dieses Betons ist etwa 8 bis 10-mal geringer als jene des Edelstahls. Dieser Umstand ist aus bauphysikalischer Sicht von Bedeutung, weil damit die Wärmebrückenbildung verringert wird [16].

Dass für UHPC aber auch außerhalb des klassischen Bauwesens innovative Anwendungsmöglichkeiten gefunden werden können, soll anhand der folgenden Anwendungsbeispiele gezeigt werden.

Im Maschinenbau wird UHPC für die Herstellung von Maschinenbetten (Abbildung 5) für Schneid- und Fräsmaschinen verwendet.

Ultra High Performance Concrete (UHPC) – Stand der Technik

Abbildung 5: Betonkörper verschiedener Maschinenbette [17]

Die Produkte sind für diese Anwendung nicht auf höchste Druckfestigkeit ausgelegt, sondern zeichnen sich durch eine hohe Biegezugfestigkeit und Dichtigkeit aus. Die monolithischen Bauteile kommen ohne Bewehrung aus und weisen eine gute Dämpfung von entstehenden Vibrationen auf. Um die im Maschinenbau geforderte Präzision zu gewährleisten und zu halten, muss das Schwinden gestoppt werden. Das wird durch die Zugabe eines Schwindreduzierers und durch eine Wärmebehandlung erreicht [17].

Für den Spezialtiefbau wurde zur Herstellung von Bohrpfählen im „lost bit"-Verfahren eine Bohrspitze aus UHPC entwickelt (Abbildung 6).

Abbildung 6: Bohrspitze aus UHPC [18]

Bei diesem Verfahren verbleibt die Bohrspitze am Grund des Bohrlochs („lost bit"). Das ermöglicht, dass der Bewehrungskorb in das Bohrgestänge eingeführt werden kann, und das Betonieren gleichzeitig mit dem Ziehen des Bohrgestänges erfolgen kann. Hier wird ebenfalls ein Stahlteil durch Beton ersetzt. Neben den geringeren Kosten für die Bohrspitzen aus UHPC werden auch ökologische Aspekte als Vorteil angeführt. Der CO_2-Ausstoß bei der Produktion ist bei den Betonspitzen geringer als bei den Stahlspitzen.

In Hagen wurde im Juni 2012 eine Skulptur aus UHPC enthüllt (Abbildung 7). Sie zeigt den Hagener Bürgermeister Karl Ernst Osthaus (1874-1921) und den belgischen Künstler und Architekten Henry van de Velde (1863-1957). Die über 2 m große Skulptur wurde aus schwarz eingefärbten UHPC hergestellt. Zunächst wurde von Hagener Künstler Uwe Will [19] ein Gipsmodell erstellt, von dem dann ein Kunststoffabdruck erstellt und mit dem Beton ausgegossen wurde.

Zur Herstellung dieses Betons wurde eine Bindemittelvormischung auf Basis eines Portlandhüttenzements CEM II/B-S 52,5 R verwendet. Die Oberfläche der Skulptur besticht vor allem durch ihre glatte, glänzende Oberfläche [20].

Abbildung 7: Betonskulptur in Hagen
(links Karl Ernst Osthaus, rechts Henry van der Velde) [20]

Ultra High Performance Concrete (UHPC) – Stand der Technik

Im Rahmen einer Lehrveranstaltung wurden im Jahr 2011 gemeinsam mit Studenten der Fakultät für Architektur unter Mitwirkung des Verfassers einige interessante Objekte am Institut für Hochbau und Technologie der TU Wien hergestellt [21]. Exemplarisch werden hier die Skulpturen „Inside/Outside" und „Walskelett" vorgestellt (Abbildung 8). Leider muss an dieser Stelle erwähnt werden, dass beide Skulpturen nur etwa ein Jahr lang in der „Seestadt Aspern" zu betrachten waren. Sie mussten auf dem temporären Ausstellungsgelände fortschreitenden Baumaßnahmen weichen. Als formgebende Schalung wurden für beide Skulpturen Pneus aus Polyethylen-Folie verwendet. Für die Herstellung von „Inside/Outside" wurde der Pneu aufgeblasen und mit UHPC im Nassspritzverfahren in mehreren Lagen beschichtet. Zwischen den Schichten wurden als textile Bewehrung Gelege aus Glasfasern eingearbeitet. Die Wandstärke variierte zwischen 2 und 4 cm. Die Skulptur besaß an der Unterseite ein Einstiegsloch und die „Arme" waren so orientiert, dass der Blick des Betrachters durch jeden „Arm" auf eine andere Landmarke gerichtet war.

Der Pneu für das „Walskelett" wurde nicht aufgeblasen, sondern auf einer Unterkonstruktion fixiert und anschließend mit UHPC ausgegossen. Am Aufstellungsort hat diese Skulptur einen „archäologischen Fund" eines versteinerten Skeletts in einem kleinen See repräsentiert.

Abbildung 8: „Inside/Outside" (Entwurf: Johann Thaller) - „Walskelett" (Entwurf: Roland Stöttner)

Die Idee, pneumatische Schalungen zur Herstellung von Betonschalen zu verwenden, ist nicht neu. Bereits Mitte des 20. Jahrhunderts wurden so

Schalen mit über 100 m Durchmesser errichtet. Einen hervorragenden Überblick über diese Entwicklung, die 1938 mit der Veröffentlichung einer Methode zur Herstellung von Rohrleitungen aus Beton mit Hilfe von luftgefüllten Schläuchen begann, gibt *Sobek* in [22]. Für den Entwurf geeigneter Schalenformen stehen heutzutage entsprechende Methoden und Werkzeuge zur Verfügung, die es erlauben, aus einer enormen Formenvielfalt zu schöpfen. Der relativ neue und leistungsfähige Ultra-Hochleistungsbeton kombiniert mit innovativen Bewehrungssystemen macht es möglich, ansprechende Skulpturen und Schalentragwerke mit relativ geringem Aufwand herzustellen.

Es wurden auch schon Überdachungen von Mautstationen und Bahnhöfen oder Fassadenelemente und Fertigteiltreppen mit extrem dünnen Materialstärken ausgeführt. Ebenso wurde UHPC bereits zur Verwirklichung von Möbeln für den Innen- und Außenbereich, Sanitärobjekten, Küchenarbeitsplatten und Tableware bis hin zu ansprechendem Schmuck, entdeckt und verwendet.

2.2 Überblick über die betontechnologischen Maßnahmen zur Herstellung von UHPC

Normalbeton besteht aus Zement, Wasser und Gesteinskörnung als Zuschlag – es handelt sich demnach um ein 3-Stoff-System. Durch die Zusammensetzung dieser drei Stoffe werden die mechanischen Eigenschaften des Betons in Abhängigkeit von den Verarbeitungseigenschaften bestimmt. Wesentlich dabei ist der Wassergehalt, der die Konsistenz, aber auch die Festigkeit des Betons festlegt. Ein dichter Zementstein mit hoher Festigkeit entsteht nur dann, wenn der Wasseranteil nicht zu hoch ist (w/z < 0,4). Ein Beton mit diesem geringen w/z-Wert lässt sich aber nur äußerst schwer verarbeiten und verdichten. Erst die Entwicklung von Betonverflüssigern und Fließmitteln ermöglichte eine Reduktion des Wassergehalts bei gleichbleibender Konsistenz, und somit konnten auch Betone mit höheren Festigkeiten (Druckfestigkeit über 50 MPa - Hochleistungsbeton) hergestellt und leicht verarbeitet werden. Die verflüssigende Wirkung der klassischen Fließmittel war aber lange Zeit beschränkt, sodass der für UHPC notwendige niedrige Wassergehalt erst durch die neueste Generation von Fließmitteln erreicht werden konnte. Zusätzlich führte die Entdeckung des Mikrosilika-Staubes als reaktiver Zusatzstoff zu einem Entwicklungssprung in der Betontechnologie. Bei UHPC handelt es sich also um ein 5-Stoff-System, bestehend aus Zement, Wasser, Gesteinskörnung, zusätzlich einem leistungsfähigen Fließmittel sowie reaktiven und inerten Zusatzstoffen. Die hervorragenden Eigenschaften von UHPC werden im Wesentlichen durch folgende betontechnologische Maßnahmen erreicht:

- Reduktion des w/z-Wertes auf < 0,3 mit Hilfe von Hochleistungsfließmitteln,
- Zugabe von reaktiven und/oder inerten Zusatzstoffen,
- Optimierung der Packungsdichte der Ausgangsstoffe,
- Reduktion des Größtkorns der Gesteinskörnung,
- Limitierung der Menge an Gesteinskörnung,
- Auswahl einer geeigneten Zementsorte,

- Zugabe von Fasern,
- Optimierung des Mischprozesses.

Diese Maßnahmen und die verwendbaren Komponenten werden im Folgenden dargestellt und diskutiert.

2.3 Packungsdichte

Die granulometrische Zusammensetzung der Ausgangsstoffe beeinflusst maßgeblich die rheologischen Eigenschaften und somit die Verarbeitbarkeit des Frischbetons. Eine optimale Kornpackung führt auch zu einer dichteren Matrix und verbessert so die Festigkeitseigenschaften des Festbetons. Eine Optimierung der Packungsdichte ist daher eine der wesentlichsten Maßnahmen zur Verbesserung der Frisch- und Festbetoneigenschaften.

Die Packungsdichte D bezeichnet den Anteil des Feststoffvolumens am Gesamtvolumen einer Partikelschüttung und wird durch Gleichung (3) ausgedrückt [23]:

$$D = 1 - \frac{\varepsilon}{100} \qquad (3)$$

mit:
D Packungsdichte
ε Hohlraumgehalt [Vol.-%]

Eine hohe Packungsdichte ist für die Herstellung eines Betons mit großer Festigkeit und Dauerhaftigkeit von großer Bedeutung, weil durch den geringeren Hohlraumgehalt das Festbetongefüge weniger geschwächt wird.

Zum Erreichen einer hohen Packungsdichte müssen die Hohlräume zwischen den größeren Partikeln mit entsprechend kleineren Partikeln gefüllt werden. Mit zunehmender Anzahl immer kleiner werdender Partikel nähert man sich dem theoretischen Grenzwert der Packungsdichte $D = 1$ an. Voraussetzung dabei ist, dass sich alle Partikel entsprechend der Definition einer Packung jeweils an mindestens drei Punkten berühren (Abbildung 9).

Ultra High Performance Concrete (UHPC) – Stand der Technik

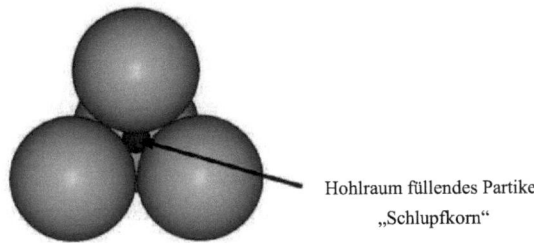

Abbildung 9: Darstellung der Hohlraumfüllung im Tetraeder [24]

Dieses Prinzip der Füllung von Hohlräumen durch kleinere Partikel wird in der Betontechnologie seit langem bei gröberen Gesteinskörnungen verwendet. Durch die Wahl möglichst weitgestufter Sieblinienverläufe sind feinere Partikel als sogenanntes „Schlupfkorn" zur Füllung der Hohlräume zwischen den gröberen Körnern vorhanden. Die Packungsdichte wird daher direkt durch die Korngrößenverteilung aller Partikel bestimmt. Besonders durch Mischen von Feinstoffen mit deutlich unterschiedlichen Korngrößenverteilungen kann der Hohlraumgehalt verringert werden. Dabei spielen die Feinheit, die Korngrößenverteilung und das Mischungsverhältnis eine Rolle. Dies soll am Beispiel zweier unterschiedlicher Quarzmehle erläutert werden [25]: Die beiden unterschiedlich feinen Quarzmehle Q1 mit einem mittleren Korndurchmesser $d`_{Q1} = 2,9$ µm und Q2 mit $d`_{Q2} = 42$ µm weisen mit 47 Vol.-% und 48,6 Vol.-% ähnliche Packungsdichten auf. Bei der Mischung dieser beiden Mehle in verschiedenen Volumenverhältnissen ändert sich die Packungsdichte stetig, bis die maximal erreichbare Packungsdichte von 54 Vol.-% bei einem Mischungsverhältnis von Q1 zu Q2 mit 30 zu 70 erreicht wird.

In Abbildung 10 ist zu erkennen, dass durch die Zugabe einer gröberen Komponente (Q_2) bis zu einer gewissen Menge die Packungsdichte der gesamten Partikelschüttung erhöht werden kann. Zwischenpartikuläre Kräfte verhindern bei der feineren Komponente eine dichtere Lagerung der Partikel im trockenen Zustand und auch in einer Wasser-Feinstoff-Suspension und erhöhen so den Hohlraumgehalt bzw. verringern die Packungsdichte.

Die Zugabe von Feinteilen führt zu einer Erhöhung der Gefügedichte im Beton, was sich dadurch erklären lässt, dass durch die Wasserfilmdicke um die einzelnen Partikel die größere Oberfläche der feineren Körner verringert wird. Dadurch wird der zu überbrückende Abstand zwischen den einzelnen Partikeln für die Hydrationsprodukte kleiner. Es ist dabei darauf zu achten, dass einerseits eine zu dichte Packung eine gute Verarbeitbarkeit nicht mehr gewährleistet und andererseits zu wenig Raum für die Hydratationsprodukte vorhanden sein könnte. Daraus ergibt sich der Zusammenhang zwischen Packungsdichte und der minimal erforderlichen Wasserfilmdicke um die einzelnen Partikel [23].

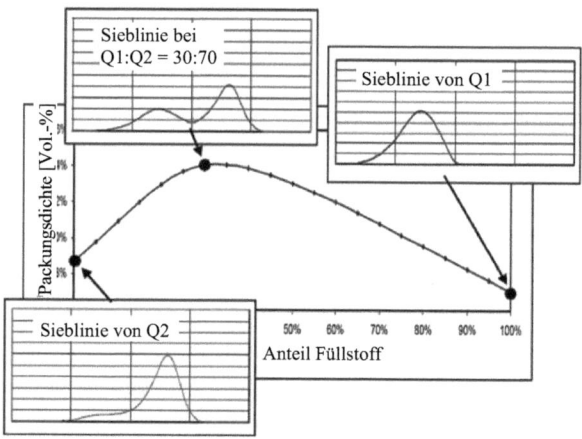

Abbildung 10: Mischung zweier Quarzmehle und der Einfluss auf die Packungsdichte [25]

In Abbildung 11 ist der Zusammenhang zwischen Packungsdichte und Viskosität am Beispiel der bereits erwähnten Quarzmehle Q1 und Q2 wiedergegeben. Für diese Untersuchung betrug das Verhältnis von Wasser zu Feinteilen $w/F_M = 0,26$, und es wurden 1,5 M.-% Fließmittel zugegeben. Es ist deutlich zu erkennen, dass sich im Bereich der höchsten Packungsdichte die niedrigste Viskosität einstellt, wobei natürlich das Verhältnis w/F_M und folglich die Wasserfilmdicke eine entscheidende Rolle spielen.

Ultra High Performance Concrete (UHPC) – Stand der Technik

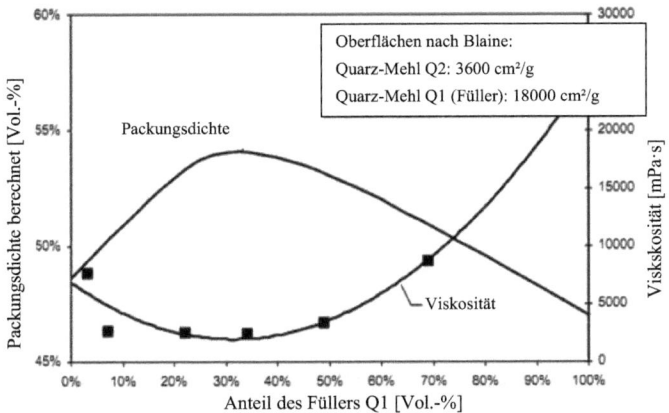

Abbildung 11: Zusammenhang zwischen Packungsdichte und Viskosität von Leim aus zwei Quarzmehlen [25]

Ein weiterer Aspekt bei der Betrachtung der Packungsdichte ist der Wandeffekt [26]. Dieser führt im Nahbereich von größeren Partikeln oder einer Schalungsfläche zu einer veränderten Korngrößenverteilung und einem größerem Hohlraumgehalt (Abbildung 12). In den Hohlräumen können sich Luftporen oder wassergefüllte Poren bilden, was sich unmittelbar auf die Mikrostruktur des Gefüges auswirkt. Durch die Füllung dieser Hohlräume mit feineren Partikeln können so spätere Schäden im Gefüge verhindert und gleichzeitig eine homogene Oberfläche an der Schalung erreicht werden.

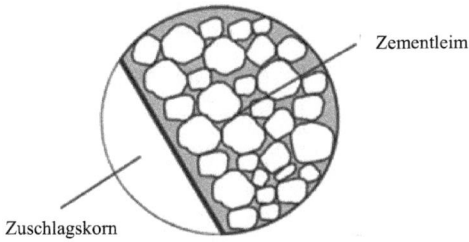

Abbildung 12: Wandeffekt in der Nähe größerer Gesteinskörner [26]

Die Packungsdichte hat also einen wesentlichen Einfluss auf die Rheologie des Frischbetons und auf die Eigenschaften des Festbetons. Nachfolgend werden überblicksmäßig einige der wichtigsten Modelle zur Bestimmung der Packungsdichte angegeben.[26][26]

2.3.1 Modellierung von Einkornpackungen

Einkornpackungen bestehen aus Partikeln einer Korngröße. Die Vermutung, dass man die dichteste 3-dimensionale Kugelpackung erhält, wenn jede Kugel von 12 anderen in einer bestimmten Weise – der sogenannten hexagonal dichtesten Packung – berührt wird, stammt noch von *Kepler* [27]. Zur korrekten geometrisch-mathematischen Betrachtung des Kugelpackungsproblems wurde vom russischen Mathematiker *Voronoi* vorgeschlagen, das Volumenverhältnis der Kugel zu ihrem umgebenden Rhombendodekaeder als kleinste obere Schranke der globalen Kugelpackungsoptimierung zu betrachten bzw. zu berechnen. Da sich der „unendliche Raum" lückenlos mit Rhombendodekaedern (sog. „Voronoi-Zellen") ausfüllen lässt, kann die optimale Dichte einer dreidimensionalen Einkorn-Kugelpackung berechnet werden, indem das Volumen einer Kugel mit dem Radius 1 durch das Volumen des Rhombendodekaeders dividiert wird. Diese Überlegung führt zur dichtesten Packung mit einer Dichte von 74,05 Vol.-%. Der mathematische Beweis, dass es sich dabei tatsächlich um die dichtest mögliche Einkorn-Kugelpackung handelt, konnte aber erst im Jahre 1998 von *Hales* mit Hilfe umfangreicher Computerberechnungen erbracht werden. Das zu beweisen, was schon beim Stapeln von Kanonenkugeln bekannt war, hat Mathematiker über 400 Jahre lang beschäftigt [27]. Die Packungsdichte in einem kubischen System beträgt dagegen nur 52,36 Vol.-%. Im Gegensatz zu den beiden genannten geordneten Packungen stehen Zufallspackungen. Geordnete Packungen finden im baustofflich nichtmetallischen Bereich praktisch keine Anwendung. Zufallspackungen sind hingegen auch in der Betontechnologie anzutreffen, wenn die zufällige Partikelanordnung im Gefüge betrachtet wird. Bei der zufällig angeordneten Einkornschüttung liegt die Packungsdichte zwischen 52,36 und 74,05 Vol.-% [28].

Nolan und Kavanagh führten in ihrer Arbeit Computersimulationen an Zufallspackungen durch [29]. Sie fanden Grenzwerte, bei denen

Zufallspackungen zwischen geringer bzw. hoher Dichte wechseln. Zusätzlich definierten sie die Begriffe von überbrückten bzw. nicht überbrückten Packungen (Abbildung 13). Eine Überbrückung ist dann vorhanden, wenn nicht stabile Kugeln in Kontakt mit anderen Kugeln eine stabile Lage einnehmen. Dabei können größere Hohlräume verbleiben. Eine absolut dichte Packung wird so also nicht möglich, weil die Kugeln bereits stabil gelagert sind. Wenn die Packung weiter verdichtet werden soll, muss zusätzlich Energie in das System eingebracht werden, um die stabile Brückenlage aufzulösen und den Hohlraum zu verringern. Dieser Vorgang erfolgt in der Betontechnologie während des Verdichtens des Frischbetons. Lose Packungen sind im Allgemeinen überbrückungsfrei und treten bei selbstverdichtenden Betonen auf. Der Beton sollte sich so von alleine verdichten. Der Zusammenhang zwischen der mittleren Koordinationszahl und der Packungsdichte wird ebenfalls in Abbildung 13 gezeigt. Lose Zufallspackungen weisen kleine Koordinationszahlen auf; d.h. es treten weniger direkte Partikelkontakte als bei dichten Zufallspackungen auf. Der Übergang von der dichten zur losen Packung erfolgt über die genannte Brückenbildungen und deren anschließende Auflösung [28].

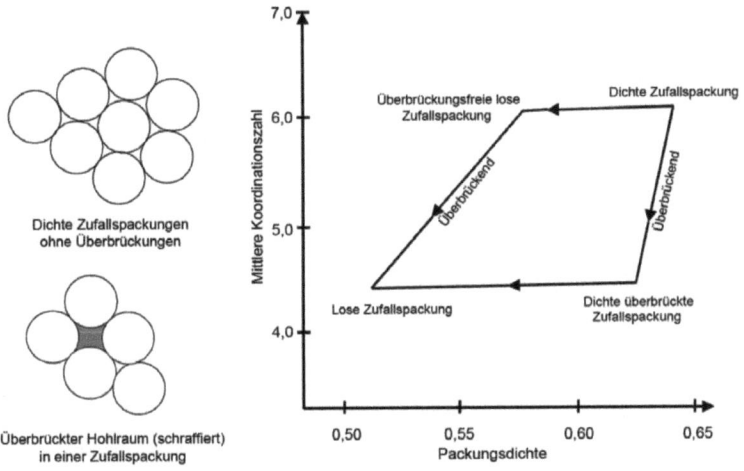

Abbildung 13: Überbrückung in Zufallspackungen (links) und deren Grenzen (rechts)

Kugelpackungen stellen aber in Bezug auf die Betonzuschläge nur ein idealisiertes Modell dar, da die Geometrie der Betonzuschläge meist deutlich von der Kugelform abweicht. Überträgt man das Modell auf reale Körnungen, spricht man von Einkornschüttungen oder Einkornpackungen. Die von der Kugelform abweichende Kornform erfordert zusätzliche Kennwerte, um den Hohlraumgehalt solcher Einkornschüttungen zu berechnen.

Reschke beschreibt in [23] mit einem Kornformfaktor φ den Einfluss der Oberflächenrauhigkeit und der Kornform durch Gleichung (4)

$$\varphi = \frac{O_{Blaine}}{O_{LG}} \qquad (4)$$

mit:

φ Kornformfaktor

O_{Blaine} Oberfläche nach Blaine

O_{LG} Oberfläche aus Lasergranulometrie (basierend auf der Kugelform)

2.3.2 Modellierung von Zweikornpackungen

Zweikornpackungen oder binäre Packungen bestehen aus zwei Korngruppen mit festgelegten Durchmessern. Abbildung 14 zeigt anschaulich die Möglichkeiten, mit verschiedenen Volumenverhältnissen zweier Korngruppen unterschiedliche Packungsdichten zu erreichen. Die Packungsdichte einer zufällig aufgebauten Einkornpackung aus kugeligen Partikeln liegt bei 63,7 Vol.-% [28]. Durch Hinzufügen eines weiteren Kugeltyps werden bei passender Kugelgröße die Zwickel ausgefüllt.

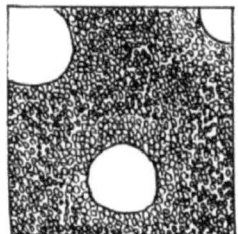 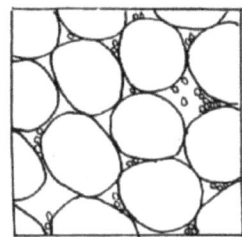 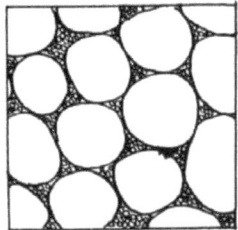

Abbildung 14: Einfluss des Volumenverhältnisses auf die Packungsdichte (links: zu viele kleine Körner, mitte: zu wenig kleine Körner, rechts: optimales Verhältnis von großen Körner zu kleinen Körnen) [30]

Eine wesentliche Erkenntnis ist, dass es zu jedem Größenverhältnis zweier Kugeltypen bei einem bestimmten Volumenverhältnis eine maximale Packungsdichte gibt. Aus Experimenten von *Oger et al.* [31] ist ersichtlich, dass sich bei zwei Kugeltypen mit einem Größenverhältnis der Durchmesser von $d_2:d_1 = 4$ ein Minimum im Hohlraumgehalt bei einem Volumenverhältnis des Volumens der kleinen Körner im Verhältnis zum Volumen der großen Körner von $v \approx 0,27$ ergibt (Abbildung 15). Andere Größenverhältnisse führen zu anderen Volumenverhältnissen für ein Packungsmaximum. Die Zusammenhänge gelten in dieser Form aber nur für kugelige Partikel [28].

Ultra High Performance Concrete (UHPC) – Stand der Technik

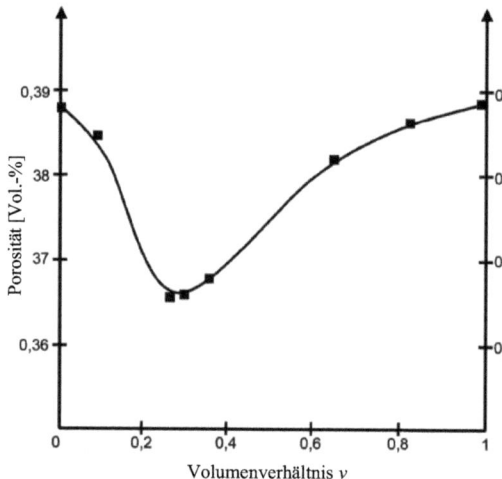

Abbildung 15: Abhängigkeit des Hohlraumgehalts vom Volumenverhältnis einer binären Kugelpackung mit einem Größenverhältnis der Durchmesser von $d_2:d_1 = 4$ [28]

Dennoch treten auch bei nicht kugelförmigen Partikelmischungen ähnliche Zusammenhänge auf, wie *Reschke* in [23] durch Modellrechnungen gezeigt hat (Abbildung 16). Eine Mischung zweier Stoffe mit einem Verhältnis der Korngrößen von 1:25 erreicht einen minimalen Hohlraumgehalt bei einem Anteil von ca. 35 Vol.-% der feineren Komponente. Beträgt das Korngrößenverhältnis aber 1:200, wird der minimale Hohlraumgehalt bereits bei einem Anteil der feineren Komponente von ca. 30 Vol.-% erreicht. Bemerkenswert ist allerdings in diesem Zusammenhang, dass der Hohlraumgehalt bei dieser Mischung um etwa 8 Vol.-% niedriger ist als bei der Mischung mit dem kleineren Verhältnis der Korngrößen. Diese Füllerwirkung ist offenbar umso größer, je weiter sich die Korngrößen der Komponenten unterscheiden [23]. Umgekehrt führt diese Betrachtung auf ein Grenzverhältnis der Korngrößen, bei dem die kleineren Partikel einen so großen Durchmesser besitzen, dass sie nicht mehr in die Hohlräume der größeren Partikel passen. *Reschke* [23] bezeichnet diesen Zusammenhang als Teilchenbehinderung. *Rodriguez et al.* [32] geben an, dass bereits ab einem Korngrößenverhältnis von 1:4,64 kleinere Partikel hohlraumgängig sind.

Ultra High Performance Concrete (UHPC) – Stand der Technik

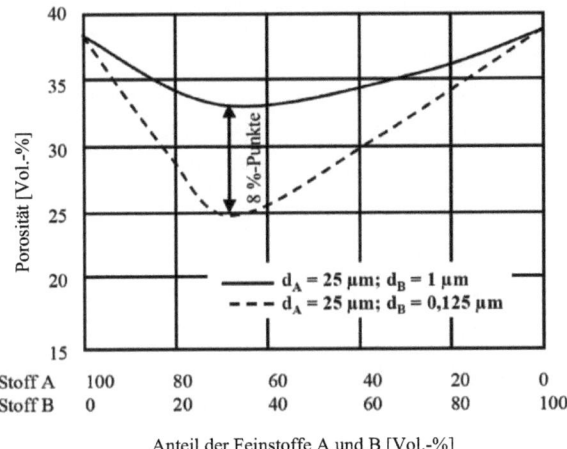

Abbildung 16: Hohlraumgehalt von Mischungen zweier Feinstoffe [28]

Die Teilchenbehinderung gibt an, inwieweit feineres Material auf Grund der Korngrößen und der Geometrie nicht die Zwickelräume der größeren Partikel ausfüllen kann. *Reschke* [23] gibt die Reichweite der Teilchenbehinderung w mit Gleichung (5) an:

$$w = \log \frac{x_s}{x_w} \qquad (5)$$

mit:

x_s Größe des Grundkorns

x_w Grenzkorngröße

Die Grenzkorngröße ist x_W jener Wert, bei dem gerade keine Teilchenbehinderung mehr eintritt [23].

2.3.3 Modellierung von Mehrkornpackungen

2.3.3.1 Dreiphasendiagramme

Enthält eine Packung mehr als zwei Korngrößen, wird sie als Mehrkornpackung bezeichnet. Dies trifft auf die granulometrische Zusammensetzung des Betons praktisch immer zu. Nur der Hohlraumgehalt von Dreikornpackungen als Sonderfall der Mehrkornpackungen ist geometrisch darstellbar [28].

Standish und Borger geben mehrere Dreiphasendiagramme zur Berechnung des Hohlraumgehaltes in Abhängigkeit der Volumenanteile der Kornfraktionen an [33]. Ein Beispiel dazu zeigt Abbildung 17.

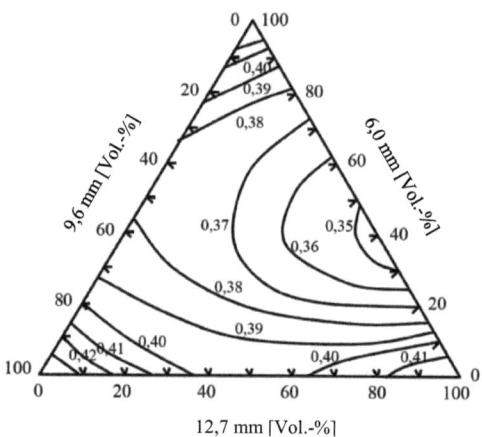

Abbildung 17: Beispiel zum Hohlraumgehalt einer Mischung aus drei Kornfraktionen [28]

Stovall et al. [30] entwickelten ebenfalls ein Dreiecksdiagramm für die Ermittlung der optimalen Packungsdichte von Dreikornpackungen.

Ein Nachteil der Dreiphasendiagramme ist, dass immer nur die Packungsdichte für genau die aufgetragenen Ausgangsstoffe abgelesen werden kann. Es ist also nicht möglich, mittels dieser Diagramme verallgemeinerte Drei-Stoff-Systeme darzustellen [28].

2.3.3.2 Das Modell von Fuller und Thompson

Die Zusammensetzung der Gesteinskörnung von Normalbetonen beruht auf der Mischungsberechnung von *Fuller und Thompson* [34], die in weiteren bekannten Arbeiten von *Andreasen* [35] oder *Furnas* [36] vertieft wurde.

Eine Korngrößenverteilung > 0,125 mm lässt sich mit einem zweidimensionalen Kreisscheibenmodell geometrisch darstellen. Die praxisgerechte Umsetzung erfolgt in Sieblinien mit verschiedenen Größtkörnern und bewährt sich seit über 100 Jahren für Normalbetone. Der Hohlraumgehalt kann vermindert und so der Zementleimgehalt minimiert werden. Hochleistungsbetone mit gesteigerten Anforderungen an die Verarbeitbarkeit, Festigkeit und Dauerhaftigkeit setzen höhere Ansprüche an die Ausgangsstoffe und deren Zusammensetzung voraus. Die Bestimmung der günstigsten Sieblinie der Gesteinskörnung ist auf der Basis des Kreisscheibenmodells hier nicht ausreichend, da weder die Kornform und die Zusammensetzung der eingesetzten Feinststoffe < 0,125 mm noch die Agglomeration feiner Partikel berücksichtigt werden [37].

2.3.3.3 Linear Packing Density Model (LPDM) und Solid Suspension Model (SSM)

1994 veröffentlichten *de Larrard und Sedran* [38] das Feststoff-Suspensions-Modell (Solid Suspension Model – SSM) zur Erhöhung der Packungsdichte von Korngemischen für ultrahochfeste Betone. Es stellt die Anpassung des Linearen Packungsdichte-Modells ((Linear Packing Density Model) – LPDM) an die in der Praxis auftretenden Schalungsformen mit Ecken und Kanten dar [39]. Das LPDM, basierend auf dem von *Mooney* [40] im Jahre 1951 vorgestellten Modell zur Vorhersage der Viskosität von Suspensionen in Abhängigkeit der Größenverteilung von inerten Partikeln, wurde anhand umfangreicher Versuche zur Packungsdichte trockener runder und gebrochener Zuschläge kalibriert [41]. Das SSM-Modell beruht auf folgender Gleichung (6) nach [38]:

$$\Phi(t) = \frac{\beta(t)}{1 - \int_d^t y(x) f(x/t) dx - [1-\beta(t)] \int_t^D y(x) g(t/x) dx} \qquad (6)$$

mit:

Φ Packungsdichte
t Korngröße
β(t) virtuelle spezifische Packungsdichte
y(t) volumetrische Korngrößenverteilungsfunktion
d minimale Korngröße
D maximale Korngröße

Unterschiedliche Kornformen und unterschiedliche Oberflächenbeschaffenheiten verschiedener Komponenten gehen allerdings nicht in die Berechnung ein.

Der Zusammenhang zwischen Packungsdichte und relativer Viskosität wird in [38] durch Gleichung (7) angegeben. Es steigt demnach die Viskosität exponentiell mit steigender Packungsdichte.

$$\eta_r = \exp\left(\frac{2{,}5}{1/\phi - 1/\beta}\right) \qquad (7)$$

mit:

η_r relative Viskosität
ϕ zufallsgesteuerte Packungsdichte
β maximal mögliche Packungsdichte

Mit der berechneten Packungsdichte kann zusätzlich auch die maximal mögliche Zementleimdicke um die Gesteinskörnung mit Gleichung (8) berechnet werden.

$$e_M = D \cdot (\sqrt[3]{\Phi/y} - 1) \qquad (8)$$

mit:

e_M maximale Zementleimdicke
D maximale Korngröße
Φ Packungsdichte der Korngruppe
y Volumenanteil der Korngruppe

Dies stellt nach *de Larrard und Sedran* [38] den mittleren Abstand der Zuschlagkörner bei runden Zuschlägen dar. Dadurch ist auch ein Zusammenhang zur Druckfestigkeit gegeben. Es wurde festgestellt, dass die Druckfestigkeit des Betons abnimmt, wenn die maximale Zementleimdicke von 0,1 auf 5 mm ansteigt. Die Erklärung dieser Erkenntnis liegt im Festigkeitsunterschied zwischen den festeren Zuschlägen und dem weniger festen Zementstein. Mit steigendem Volumenanteil an Zementstein nimmt daher die Gesamtfestigkeit ab. Diese Folgerung gilt aber nur für Normalbeton. Bei den Hochleistungs- und Ultra-Hochleistungsbetonen weist die Zementsteinmatrix eine wesentlich höhere Festigkeit auf, die teilweise die Gesteinsfestigkeit erreicht oder sogar übersteigt [28].

Die in Abbildung 18 dargestellte Abhängigkeit der Packungsdichte vom Mischungsverhältnis der Ausgangsstoffe für einen Leim wurde mit dem LPDM berechnet. Der Wasseranspruch der Mischung wird durch die Verringerung des Hohlraumvolumens infolge einer höheren Packungsdichte vermindert. Gemische innerhalb des gelb markierten Bereichs weisen nach *de Larrard* [39] eine hohe Packungsdichte von 0,675 auf. Das Hohlraumvolumen beträgt demnach nur 32,5 %. Dies ist etwa bei einer Mischung aus 17 % Silikastaub und 83 % Zement oder 23 % Silikastaub und 77 % Zement gegeben (rot markiert). Im Hinblick auf den Fließmittelanspruch kann aber ein Dreistoffgemisch aus 10 % Kalksteinmehl, 20 % Silikastaub und 70 % Zement (blau markiert) vorteilhafter sein, weil dieses Gemisch bei gleicher Packungsdichte eine geringere reaktive Oberfläche aufweist [39].

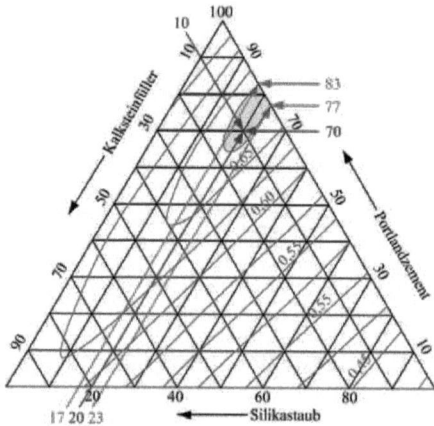

Abbildung 18: Dreiecksdiagramm zur Packungsdichte in Abhängigkeit des Mischungsverhältnisses der Ausgangsstoffe für den Leim (berechnet mittels LPDM) [42]

Die Erweiterung des LPDM auf das SSM wirkt sich auf die Höhe der Packungsdichte nur im Bereich der optimalen Verhältniswerte der verschiedenen Kornklassen aus. Die Verhältniswerte behalten dabei ihre Gültigkeit [39] (siehe Abbildung 19).

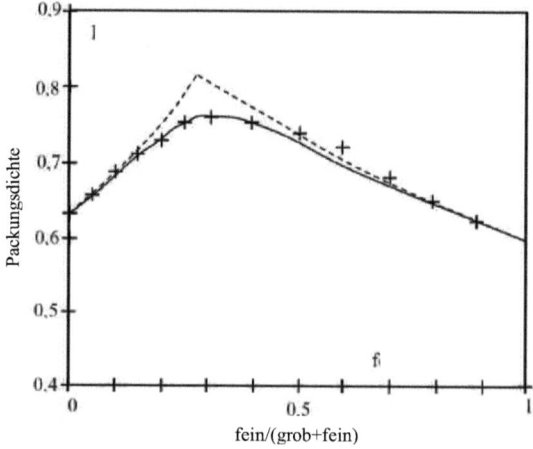

Abbildung 19: Vergleich der Ergebnisse eines Zweikorngemisches mit LPDM und SSM (Rundkorn mit Durchmesser 0,5 und 8 mm; gestrichelte Linie = LPDM, durchgezogene Linie = SSM, Markierungskreuze = Versuche) [38]

Die mit dem SSM berechnete Packungsdichte von trockenen Quarzsanden unterschiedlicher Feinheit stimmt sehr gut mit in Versuchen ermittelten Werten überein [38].

2.3.3.4 Das Modell nach Schwanda

Die meisten der bisher dargestellten Modelle beruhen auf einer Art Mischungsrechnung auf der Grundlage des bekannten Hohlraumgehalts einer begrenzten Anzahl von Komponenten mit unterschiedlichen Kornverteilungen. Die Bestimmung von Hohlraumgehalt und Kornverteilung erfolgt dabei in der Regel experimentell [30], [43].

Geeigneter erscheinen Modelle, bei denen der Berechnung anstelle eines Gemischs verschiedener Komponenten eine ganz bestimmte Verteilungsfunktion eines einzelnen Partikelgemisches zugrunde gelegt wird [44], [45]. So können beispielsweise Partikelgemische, die durch Mahlen entstanden sind, durch die Exponentialverteilung nach *Rosin, Rammler, Sperling und Bennet* [46] (RRSB-Verteilungsfunktion) beschrieben werden [47]. Allerdings lassen sich Gemische aus mehreren Komponenten, wie etwa UHPC, nicht mit einer einzelnen Verteilungsfunktion beschreiben. Es sind daher Modelle von Vorteil, bei denen die Packungsdichte unabhängig von einer Verteilungsfunktion der Partikel berechnet werden kann. Ein solches Modell ist das Rechenmodell von *Schwanda* [48], [49]. Damit kann die Packungsdichte von Gemischen mit beliebig vielen Korngruppen berechnet werden. Da es unabhängig von einer bestimmten Verteilungsfunktion ist, kann dieses Modell auch für unstetig verteilte Partikelgemische (Ausfallskörnungen) verwendet werden.

Im ersten Schritt wird nach *Schwanda* eine bestehende Korngrößenverteilung eines Partikelgemisches in Kornklassen eingeteilt. Die Kornklassengrenzen können beliebig eng gewählt werden, sodass es gerechtfertigt ist, im Modell jede Kornklasse als Einkornschüttung zu betrachten.

Im nächsten Schritt werden alle Kornklassen der Reihe nach kombiniert und die Hohlraumanteile h jeder dieser Mehrkomponentenmischungen ermittelt, wobei k den Hohlraumgehalt und s den Festraumgehalt der jeweiligen Einkornschüttungen beschreibt. Dabei sind drei Fälle zu betrachten.

Fall 1: Die feine Komponente passt in den Hohlraum der groben Komponente (Abbildung 20). Das Gesamtvolumen der Mischung verändert sich dadurch nicht, nur der Hohlraum der groben Komponente verringert sich. Dieser Fall lässt sich mit Gleichung (9) beschreiben. In diesem Fall wird die grobe Komponente als Grundkorn x_s bezeichnet.

$$h_{Fall1} = \frac{Hohlraum_{grob} - Hohlraum_{fein}}{Festraum_{grob+fein}} \quad (9)$$

Anders ausgedrückt, ergibt sich der Hohlraumanteil h nach Gleichung (10):

$$h_{Fall1} = k_{grob} - (k_{grob} + 1) \cdot s_{fein} \quad (10)$$

 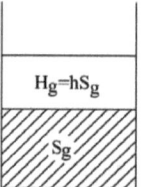  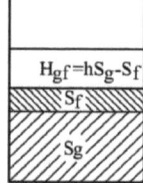

Abbildung 20: Fall 1 - Gemisch aus grobem Grundkorn und wenigen kleinen Beikörnern [48]

Gleichung (10) gilt solange, bis die kleineren Körner den Hohlraum zwischen den gröberen Körner aufgefüllt haben, ohne diese auseinander zu drängen.

Fall 2: Der Anteil der feinen Komponente ist größer als der Hohlraum der groben Komponente. Die gröberen Körner „schwimmen" im Feinkorn, und das gesamte Volumen der Mischung erhöht sich. Dieser Fall lässt sich mit Gleichung (11) beschreiben. Der Hohlraumgehalt der Mischung entspricht dem Hohlraumgehalt der feinen Komponente (Abbildung 21). In diesem Fall wird die feine Komponente als Grundkorn x_s bezeichnet.

$$h_{Fall2} = \frac{Hohlraum_{fein}}{Festraum_{grob+fein}} \quad (11)$$

Ultra High Performance Concrete (UHPC) – Stand der Technik

Anders ausgedrückt, ergibt sich der Hohlraumanteil h nach Gleichung (12):

$$h_{Fall2} = k_{fein} - k_{fein} \cdot s_{grob} \tag{12}$$

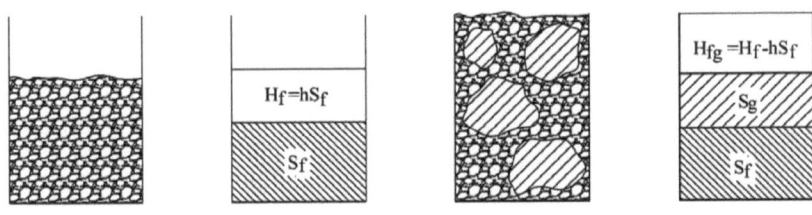

Abbildung 21: Fall 2 - Gemisch aus feinem Grundkorn und wenigen groben Beikörnern [48]

Es ergeben sich somit zwei Gleichungen ((10), (12)) für die Berechnung des Hohlraumgehalts einer Mischung aus zwei Körnungen. Es gilt immer nur die Gleichung, die den höheren Wert für h liefert. Erst wenn beide Gleichungen dasselbe Ergebnis liefern, ist das Mischungsverhältnis mit dem geringsten Hohlraumgehalt gefunden worden. Zwischen Fall 1 und 2 gibt es aber einen Übergangsbereich, in dem sich die Körner gegenseitig behindern.

Fall 3: Wenn die feine Komponente auf Grund des Größenverhältnisses und der Geometrie der Körner nicht in den Zwickelraum der groben hineinpasst, tritt Teilchenbehinderung und somit eine Volumenvergrößerung der Mischung auf. Dieser Umstand wird durch einen Faktor a berücksichtigt. Die Reichweite dieser Teilchenbehinderung w hängt vom Verhältnis des Grundkorns x_s zu einer Grenzkorngröße x_w ab, bei der gerade keine Teilchenbehinderung mehr eintritt. Sie kann durch folgende Gleichung (13) abgeschätzt werden:

$$w = \log\left(\frac{x_s}{x_w}\right) \qquad \left\{-w \leq \log\left(\frac{x_s}{x_w}\right) \leq +w\right\} \tag{13}$$

Der mathematische Zusammenhang zwischen k, w, dem Korngrößenverhältnis zwischen Grundkorn x_s und jeweiligem Beikorn x_i und dem Faktor $a_{s,i}$, als Funktion der beschriebenen Größen, ist in Abbildung 22 für den Parameter $k_o = 0{,}6$ beispielhaft dargestellt.

Ultra High Performance Concrete (UHPC) – Stand der Technik

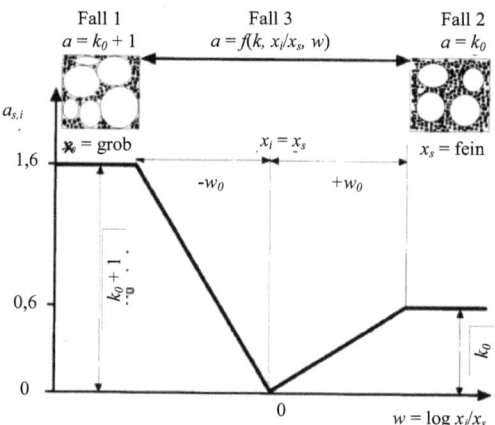

Abbildung 22: Funktion $a_{s,i}$ des Hohlraumgehalts der Einkornschüttung k_0 und der Reichweite der Teilchenbehinderung w_0 in Abhängigkeit vom Verhältnis x_i/x_s [23]

Entsprechend den in Abbildung 22 dargestellten Beziehungen wird der Hohlraumanteil der jeweiligen Grundkornklassen h_s ermittelt. Dieser Hohlraumanteil wird bestimmt, indem man den Hohlraumanteil des Grundkorns k um die entsprechenden Festraumanteile des Beikorns aller anderen Kornklassen s_i unter Berücksichtigung des jeweils gültigen Faktors $a_{s,i}$ reduziert.

$$h_s = k_0 - \sum a_{s,i} \cdot s_i \tag{14}$$

Die Rechnung wird so oft durchgeführt, bis jede Kornklasse einmal als Grundkorn x_s eingesetzt wurde. Diejenige Kornklasse mit dem größten Hohlraumgehalt des Grundkorns $h_{s,max}$ wird schließlich für die Berechnung der Packungsdichte D der gesamten Partikelschüttung verwendet.

$$D = \frac{1}{1 - h_{s,max}} \tag{15}$$

Alle weiteren berechneten Hohlraumanteile h_s beziehen sich auf Gemische, bei denen sich die Räume, die von den einzelnen Korngruppen eingenommen werden, überschneiden würden.

Der Nachteil beim Modell nach Schwanda ist, dass die beiden Parameter k

und *w* in der Berechnung konstant bleiben. Die unterschiedliche Beschaffenheit der einzelnen Kornfraktionen kann dadurch nicht exakt berücksichtigt werden.

Der wesentliche Vorteil des Modells ist jedoch, dass mit relativ einfach nachvollziehbaren Rechenschritten eine praktisch gute rechnerische Abschätzung der Packungsdichte möglich ist [50]. Das gesamte Rechenschema lässt sich mit einem üblichen Tabellenkalkulationsprogramm durchführen.

2.3.3.5 Computersimulationen

Eine Modellierung der Gefügestrukturen des Betons durch Kugeln wurde in [51] genutzt, um eine Sieblinie zu finden, die eine optimale Ausnutzung des Raumes mit Zuschlagskörnern ermöglicht (Abbildung 23). Die daraus abgeleitete Sieblinie zeigt die optimale Kornzusammensetzung eines Betons mit einem Größtkorn von 8 mm. Sie weicht dabei deutlich von der häufig als optimal angesehenen, parabolischen Sieblinie nach *Fuller und Thomson* ab (vgl. 2.3.3.2).

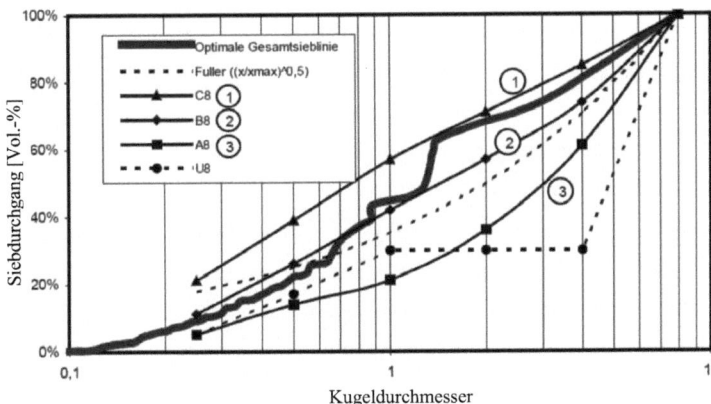

Abbildung 23: Optimale Position und Größe der Füllkugeln für eine rhomboedrische Kugelordnung [52]

Damit sollen hochdichte und –feste Betone erstellt werden, ohne den Einsatz von größeren Mengen an Bindemitteln. Die abgebildete Sieblinie zeigt einen mehrfachen Ausfall einzelner Korngrößenbereiche, die bei optimaler Position und Größe der Füllkugeln für eine dichteste Packung nicht erforderlich sind [52].

2.4 Bestandteile und Zusammensetzung

2.4.1 Zement

Auf Grund eines anzustrebenden niedrigen w/z-Wertes eignen sich im Wesentlichen nur Zemente mit geringem Wasseranspruch. Der Zement sollte eine gute Verträglichkeit mit dem Fließmittel aufweisen und nicht allzu schnell erstarren. In diesem Zusammenhang spielt der Anteil von Tri-Calcium-Aluminat (C_3A) als Bestandteil der Phasenzusammensetzung von Portlandzementklinker eine wesentliche Rolle. Den Angaben von [4], [38], [53] zufolge, werden hauptsächlich C_3A-arme bzw. C_3A-freie Portlandzemente verwendet und empfohlen [54]. Solche Zemente weisen auf Grund eines niedrigeren Gehaltes an Sulfatträgern einen geringeren Wasseranspruch auf und durch das Fehlen der C_3A-Phase ist weniger Fließmittel erforderlich, weil die C_3A-Phase ein deutlich höheres Fließmittel-Adsorptionsvermögen besitzt als die übrigen Klinkerphasen [55], [56]. Außerdem entsteht kaum Ettringit, welches praktisch keine Festigkeit besitzt. Eine Vermeidung der Ettringitbildung führt demnach zu einer Stabilisierung des Betongefüges. Außerdem wird eine Gefügestörung durch Treiberscheinungen infolge einer Sekundär-Ettringitbildung nach einer zu frühen Wärmebehandlung vermieden [55].

Untersuchungen von *Schachinger* [39] zeigen, dass auch Hochofenzement (Cem III) für die Herstellung von UHPC geeignet ist. Allerdings lagen die von ihm ermittelten Druckfestigkeiten ca. 20 % unter jenen der Mischungen mit Portlandzement. Ebenfalls geeignet ist Portlandhüttenzement (Cem II/A-S, Cem II/B-S), der als Basis für einen Spezialzement für die Herstellung von Hochleistungs- und Ultrahochleistungsbetonen verwendet wird [57].

Gröber aufgemahlene Zemente weisen eine geringere spezifische Oberfläche und damit einen geringeren Wasseranspruch auf. Sehr fein gemahlene Zemente sind hingegen für die Herstellung von UHPC weniger gut geeignet [4]. Zemente mit einer breiteren Korngrößenverteilung weisen einen geringeren Wasseranspruch auf [39].

2.4.2 Zusatzstoffe

Am häufigsten wird zur Herstellung von UHPC als reaktiver Zusatzstoff Silikastaub (Mikrosilika) verwendet. Es entsteht als Nebenprodukt durch Kondensation aus dem Filterstaub bei der Herstellung von Silicium- und Ferrosilicium-Legierungen. Die Partikel weisen eine kugelige Kornform auf, und der mittlere Korndurchmesser beträgt ca. 0,15 µm. Mikrosilika ist daher etwa 100-mal feiner als Zement. Der Anteil an reaktivem, amorphen SiO_2 liegt üblicherweise bei über 90 M.-%.

Durch die Kleinheit der Partikel wirkt es als Mikrofüller und erhöht die Packungsdichte. Die runden Partikel wirken wie ein „Schmiermittel" und verbessern die rheologischen Eigenschaften des Frischbetons. Das amorphe SiO_2 reagiert mit dem als primäres Hydratationsprodukt gebildeten $CaOH_2$, und es bilden sich daraus weitere, festigkeitssteigernde CSH-Phasen (puzzolanische Reaktion) [4].

Ein verbesserter Verbund zwischen Matrix und Stahlfasern bei einer Zugabemenge von 20 bis 30 % bezogen auf das Zementgewicht konnte in [58] festgestellt werden. Diese Zugabemenge ist für UHPC üblich.

Damit das Mikrosilika seine Wirkung optimal entfalten kann, ist eine Desagglomeration besonders wichtig. Deshalb sollte unkompaktierter Silikastaub verwendet werden [59]. In diesem Zusammenhang spielt auch eine geeignete Mischtechnik (vgl. Abschnitt 2.5.1) eine große Rolle.

Nanosilika ist eine synthetisch hergestellte Kieselsäure mit einem SiO_2-Anteil von nahezu 100 M.-%. Die mittlere Korngröße ist nochmals um etwa das zehnfache kleiner als die von Mikrosilika. Nanosilika besitzt in etwa die gleiche puzzolanische Eigenschaft wie Microsilia [59].

Metakaolin besitzt im Vergleich zu Mikrosilika etwa die doppelte puzzolanische Reaktionsfähigkeit. Es wird durch Sintern des natürlich vorkommenden Minerals Kaolinit bei 450 bis 800 °C hergestellt. Die Partikelgröße liegt je nach Mahlfeinheit zwischen jener von Zement und Mikrosilika [60].

Flugasche und Hüttensandmehl wurden ebenfalls bereits erfolgreich zur Herstellung von UHPC verwendet [61], [62].

Als Gesteinsmehl wurden bislang hauptsächlich fein gemahlene, kristalline Quarze (Quarzmehl) verwendet. Die Mahlfeinheit des verwendeten Quarzmehls liegt üblicherweise im Bereich der Mahlfeinheit des Zements. Nach [4] ist die Zugabe von Quarzmehl für eine höhere Effektivität einer Wärmebehandlung notwendig. In [63] wurde nachgewiesen, dass sich Quarzmehl nur an der puzzolanischen Reaktion beteiligt, wenn die Wärmebehandlung länger als acht Stunden dauert und die Temperatur dabei mindestens 90 °C beträgt. Bei einer Lagerung der Proben bei 20 °C verhielt sich das Quarzmehl inert. Ein Nachteil des Quarzmehles ist es, dass die gebrochenen Körner besonders scharfkantige Bruchflächen im Vergleich zu Kalksteinmehl aufweisen [64]. Die Quarzmehlpartikel weichen auch noch stärker von der idealen Kugelform ab als die Kalksteinmehlpartikel, was die rheologischen Eigenschaften von UHPC negativ beeinflussen kann [28]. Für die Untersuchungen in [64] wurde daher das Quarzmehl durch Kalksteinmehl bzw. durch Hüttensandmehl ersetzt. Dadurch konnte der Fließmittelbedarf gesenkt werden, die rheologischen Eigenschaften des Frischbetons verbesserten sich und die mechanischen Eigenschaften sowie der Faserverbund wurden nicht nennenswert verschlechtert. Damit konnte gezeigt werden, dass auch Hüttensandmehl oder Kalksteinmehl gleichwertig als Alternative zu Quarzmehl verwendet werden können [64].

2.4.3 Gesteinskörnung

Als Gesteinskörnung wird für UHPC üblicherweise Quarzsand verwendet. Quarzsande weisen eine hohe Gesteinsfestigkeit auf, sind leicht verfügbar und bilden eine dichte und feste Übergangszone zwischen Gesteinskorn und Bindemittelmatrix aus. Im Hinblick auf gute rheologische Eigenschaften des Frischbetons eignen sich Sande mit runder Kornform besser als gebrochene Sande [4], [38].

Als Größtkorn wird in [38] ein Durchmesser des Quarzsandes von 0,4 mm empfohlen. Dadurch soll eine ausreichende Verarbeitbarkeit gewährleistet und der Luftporengehalt des Frischbetons gering gehalten werden.

Nach [4] soll das Größtkorn aus Gründen der Homogenität nicht größer als 0,6 mm sein und das Kleinstkorn einen Durchmesser von 0,15 mm nicht unterschreiten. Die Begrenzung des Kleinstkorn nach unten begründet sich durch einen erforderlichen Größenunterschied aufeinanderfolgender Kornklassen. Zum Erreichen einer hohen Packungsdichte wird in [4] ein mindestens 13-facher Größenunterschied der mittleren Korndurchmesser gefordert. Außerdem ist nach [65] zu beachten, dass kugelförmige Partikel 3,2-mal kleiner sein müssen, um in die Zwickelräume größerer Partikel schlüpfen zu können. Daraus ergibt sich, dass bei einem mittleren Korndurchmesser des Zements von 15 µm der mittlere Korndurchmesser des Sandes größer als 200 µm sein muss. Bei einem Größtkorn des Zements von 50 µm darf das Kleinstkorn des Sandes demnach nicht kleiner als 150 µm sein.

Nach [4] muss das Volumen des Bindemittelleims (Zement, Zusatzstoffe und -mittel, Wasser) mindestens 1,2-mal höher sein als der Hohlraumgehalt des unverdichteten Sandes. Damit werden die Sandkörner ausreichend voneinander distanziert und es kann eine fließfähige Konsistenz erreicht werden. In [39] konnten in Abhängigkeit von den rheologischen Eigenschaften des Bindemittelleimes Frischbetone in einer fließfähigen Konsistenz (Ausbreitfließmaß > 26 cm) mit Sandgehalten von 360 l/m³ bis 410 l/m³ hergestellt werden.

UHPC lässt sich aber nicht nur als klassischer RPC mit einem Größtkorn < 0,5 mm bzw. Feinkorn-UHPC mit einem Größtkorn < 1 mm, sondern auch als Grobkorn-UHPC mit einem Größtkorn bis 16 mm herstellen. Unter Verwendung geeigneter Gesteinskörnungen (meist Basalt) kann auch Grobkorn-UHPC eine Druckfestigkeit von über 150 MPa und eine fließfähige Konsistenz aufweisen [66].

2.4.4 Zusatzmittel

Zusatzmittel für Beton werden in der Normenreihe ÖNORM EN 934 geregelt. Als geeignet für die Verwendung gelten Betonzusatzmittel, wenn sie der ÖNORM EN 934-2 entsprechen [67]. Darin werden die folgenden

Ultra High Performance Concrete (UHPC) – Stand der Technik

zulässigen Zusatzmittel definiert:

- Betonverflüssiger,
- Fließmittel,
- Stabilisierer,
- Lufporenbildner,
- Erstarrungsbeschleuniger/Erhärtungsbeschleuniger,
- Verzögerer,
- Dichtungsmittel,
- Verzögerer/Betonverflüssiger,
- Verzögerer/Fließmittel,
- Erststarrungsbeschleuniger/Betonverflüssiger,
- Viskositätsmodifizierer.

Grundsätzlich sind alle diese Zusatzmittel entsprechend ihres Einsatzzweckes auch für die Herstellung von UHPC verwendbar. Von besonderem Interesse sind jedoch die Fließmittel. Der Unterschied zwischen Verflüssigern und Fließmittel liegt definitionsgemäß in der Wirksamkeit. Betonverflüssiger ermöglichen eine Verminderung des Wassergehalts einer Betonmischung. Fließmittel hingegen ermöglichen eine erhebliche Verminderung des Wassergehalts bei gleichbleibender Konsistenz [67]. Während Betonverflüssiger auf Basis von Ligninsulfonaten aufgebaut sind, werden für Fließmittel als Basis Polykondensate und Polycarboxylate verwendet [68]. Die bekanntesten Polykondensate sind sulfonierte Naphtalinformaldehydkondensate (NFS) und sulfonierte Melaminformaldehydkondensate (MFS). Mit diesen Produkten war man aber nur schwer in der Lage, einen hochfließfähigen UHPC herzustellen. Die Dosierung des Fließmittels musste extrem hoch gewählt werden, was eine stark verzögernde Wirkung im Hinblick auf das Erstarrungsverhalten des Betons nach sich zog [69]. Erst die Entwicklung von Fließmitteln auf der Basis von Polycarboxylatethern (PCE) ermöglichte die erwünschte Wassereinsparung bzw. das Erreichen einer fließfähigen Konsistenz.

Die Wirkungsweise von Fließmitteln besteht darin, dass sie sich an der

Ultra High Performance Concrete (UHPC) – Stand der Technik

Oberfläche des Zementkorns anlagern (Adsorption) und die agglomerierten Zementpartikel auftrennen. Die Teilchen werden so dispergiert und das zuvor in den Zwischenräumen der Agglomerate eingeschlossene Wasser wird frei. Dieses Wasser steht nun der Konsistenzverbesserung zur Verfügung oder kann bei ausreichender Verarbeitbarkeit des Betons eingespart werden [70]. Zunächst muss sich das Fließmittelmolekül an den positiv geladenen Stellen des Zementkorn binden und anschließend muss es das erneute Agglomerieren der Zementpartikel verhindern. Diese dispergierende Wirkung hängt stark vom molekularen Aufbau des Fließmittels ab und kann in drei Mechanismen unterteilt werden:

1. Elektrostatische Dispergierung: An den Teilchenoberflächen werden Polymere mit negativ geladenen Seitengruppen absorbiert. Durch die negative Oberflächenladung kommt es zu einer verstärkten Abstoßung der Partikel (Abbildung 24). Diesen Wirkungsmechanismus besitzen Fließmittel auf der Basis von MFS, NFS und PCE.

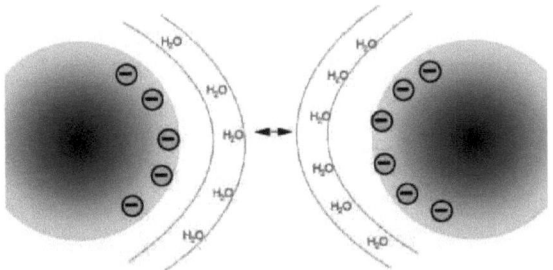

Abbildung 24: Elektrostatische Dispergierung [70]

2. Sterische Dispergierung: Sie entsteht durch die Adsorption von ungeladenen Polymeren an den Partikeloberflächen. Wenn sich die Partikel gegenseitig annähern, wird die freie Drehbarkeit der Partikel eingeschränkt und die Entropie nimmt ab. Diesen Wirkungsmechanismus besitzen ebenfalls Fließmittel auf der Basis von MFS, NFS und PCE (Abbildung 25).

Ultra High Performance Concrete (UHPC) – Stand der Technik

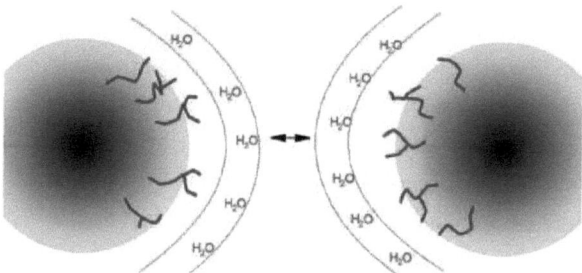

Abbildung 25: Sterische Dispergierung [70]

3. Elektrosterische Dispergierung: Dabei handelt es sich um eine Kombination von elektrostatischer und sterischer Dispergierung. Diesen Wirkungsmechanismus besitzen nur Fließmittel auf der Basis von PCE. Die Polymermoleküle enthalten gleichzeitig negative und sterisch anspruchsvolle Seitenketten (Abbildung 26). Die elektrosterische Dispergierung führt zu einem deutlich geringeren Dispergiermittelbedarf.

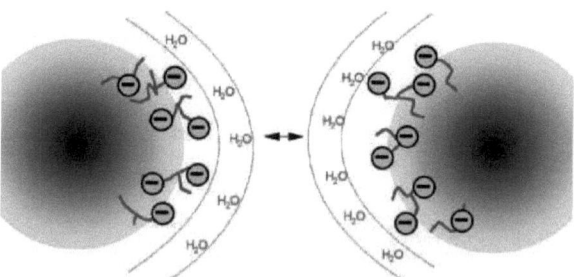

Abbildung 26: Elektrosterische Dispergierung [70]

Polycarboxylate sind radikalisch poymerisierte Copolymere mit Carboxylgruppen in der Hauptkette und Seitenketten unterschiedlicher Länge [68]. Bei PCEs handelt es sich um Polymere in Form eines Kamms (Kammpolymere). Die Hauptkette trägt die negativen Ladungen zum Anlagern an die Zementpartikel und die Seitenketten. Es gibt eine Vielzahl von Parametern, die beim Aufbau der Polymere verändert werden können, wie z.B. die Art der Monomere in der Hauptkette, die Länge der Hauptkette, die Anzahl der negativen Ladungen in der Hauptkette (Ladungsdichte), der Aufbau der Seitenketten, die Länge der Seitenketten im Vergleich zur Hauptkette und uvm. [71]. Neben der Ladungsdichte hat vor allem die Seitenkettenlänge einen Einfluss auf die verflüssigende Wirkung und die Konsistenzhaltung. PCEs mit kurzen Seitenketten bewirken eine eher moderate Verflüssigung, dafür aber eine gute Konsistenzhaltung. Lange Seitenketten bewirken eine noch bessere Verflüssigung, da sich die PCE-Moleküle gegenseitig behindern und so nur wenige freie Positionen am Zementpartikel besetzt werden. Durch die langen Seitenketten wird das Zusammenstoßen der Zementpartikel noch effektiver verhindert. Die Konsistenzhaltung ist aber sehr gering, da durch die wenigen adsorbierten Moleküle die Bildung der ersten Hydratationsprodukte nicht verzögert wird. Dafür kann aber auch eine hohe Frühfestigkeit erreicht werden. Bei diesen langkettigen PCEs besteht die Möglichkeit, die negative Ladung an der Hauptkette teilweise zu maskieren, so dass diese erst im Kontakt mit dem Zementleim abgespalten werden, und so zeitlich verzögert neues Fließmittel im Frischbeton freigesetzt wird. Das kann sich dann an den ersten Hydratationsprodukten anlagern und bewirkt eine besonders lang anhaltende Verarbeitbarkeit. Durch die vielen Variationsmöglichkeiten bei der Herstellung der PCE-Moleküle lassen sich die Eigenschaften des Fließmittels an die Anforderungen des Betons individuell anpassen [71].

2.4.5 Wasser

Der Gesamtwassergehalt setzt sich zusammen aus der Feuchtigkeit des Zuschlages, dem wässrigen Anteil von Zusatzmitteln und Zusatzstoffen, eventuell dem Wasser von zugesetztem Eis oder einer Dampfbeheizung, sowie dem Zugabewasser [72]. Trinkwasser ist geeignet als Zugabewasser. Die in der Literatur angegebenen UHPC-Mischungen enthalten ungefähr 140 bis 220 l/m³ Wasser. Meist liegt der Gesamtwassergehalt in einem engeren Bereich von 180 bis 200 l/m³ [39].

Für eine vollständige Hydratation benötigt der Zement etwa 40 M.-%

Wasser (w/z = 0,4). Obwohl eine vollständige Hydratation bei kleineren w/z-Werten nicht möglich ist, konnte UHPC mit einem w/z-Wert von 0,15 erfolgreich hergestellt werden [4]. Die Untersuchungen in [5] zeigen, dass der Hydratationsgrad des Zements bei derart niedrigen w/z-Werten zwischen 0,4 bis 0,6 liegt. Die Räume zwischen den Zementkörnern sind dann bereits mit Zementgel ausgefüllt, bevor die Zementkörner vollständig hydratisiert sind. Die Zementkörner werden auch bei nur teilweiser Hydratation an der Kornoberfläche fest miteinander verbunden. Da die Festigkeit des Zementkorns bei rund 200 bis 400 MPa liegt [73] und weitgehend erhalten bleibt, tragen die unhydratisierten Klinkerreste im Inneren des Zementsteins zur Festigkeit bei. Eine vollständige Hydratation ist daher nicht Voraussetzung für eine hohe Festigkeit des Zementsteins. Die Betontechnologie von UHPC mit niedrigen w/z-Werten macht sich diesen Umstand zunutze.

Eine weitere Kenngröße in diesem Zusammenhang ist der Wasserbindemittelwert (w/b). Darunter versteht man das Verhältnis von Wasser zu allen in der Betonrezeptur verwendeten hydraulisch wirksamen Bindemitteln und Zusatzstoffen. Wie beim w/z-Wert gilt auch hier, dass die Festigkeit mit kleiner werdendem w/b-Wert zunimmt.

Allerdings sind diese beiden Werte im Zusammenhang mit der Druckfestigkeit nicht so aussagekräftig, wie bei Normalbeton oder hochfestem Beton. Durch den Ersatz von Zement durch geeignete Feinststoffe (z.B. Quarzmehl) mit geringerem Wasseranspruch wurde nach [55] bei gleichbleibendem Wassergehalt die Druckfestigkeit nicht kleiner. Der w/z-Wert stieg dabei von 0,20 auf 0,34, ohne dass die Druckfestigkeit abnahm. Bei diesen Versuchen [55] war dies erst der Fall, als ein w/z-Wert von 0,40 überschritten wurde. Nach [73] entsteht kapillarporenfreier Zementstein nur, wenn ein bestimmter Grenz-Wassergehalt nicht überschritten wird. Dieser liegt bei w/z = 0,36, darüber entstehen auch bei Wasserlagerung festigkeitsmindernde Kapillarporen. In [73] wird auch vermutet, dass die nicht hydratisierten Zementkörner durch andere Stoffe mit niedriger Porosität ersetzt werden können, solange sie mit dem hydratisierten Zement einen festen Verbund eingehen.

Ultra High Performance Concrete (UHPC) – Stand der Technik

Vor diesem Hintergrund lässt sich feststellen, dass zusätzlich zum w/z-Wert der volumenbezogene Wasser/Feinstteilwert (V_W/V_F) einen maßgeblichen Einfluss auf die Festigkeitseigenschaften hat. Unter den Feinstteilen versteht man die Summe aller Anteile an reaktiven und inerten Bestandteilen mit einer Korngröße unter 125 µm [55]. Dieser V_W/V_F-Wert stellt auch ein indirektes Maß für die Kornzusammensetzung des Feinstteilgemisches und den mit Wasser zu füllenden Hohlraum zwischen den Partikeln dar (Packungsdichte). Er bildet die Grundlage für alle Optimierungsschritte der Mischungszusammensetzung von UHPC [55]. Damit ist es möglich, den üblicherweise hohen Zementgehalt von UHPC durch den Einsatz von kornoptimalen Ersatzstoffen drastisch zu verringern, ohne dabei Festigkeit zu verlieren [55].

2.4.6 Fasern

Der Faserwerkstoff muss grundsätzlich folgende Anforderungen erfüllen, um für den Einsatz in Faserbeton geeignet zu sein: [74]:

- Der Faserwerkstoff muss im alkalischen Milieu des Betongefüges hinreichend beständig sein.
- Die Materialeigenschaften den Betons dürfen durch die Fasern nicht negativ beeinflusst werden. Dies gilt sowohl für die Frischbetoneigenschaften wie auch für die Festbetoneigenschaften.
- Die Fasern dürfen während des Mischens nicht verbogen werden oder zerbrechen. Sie müssen eine ausreichende Biegesteifigkeit aufweisen.
- Für eine rissüberbrückende Wirkung muss der Faserwerkstoff eine entsprechende Zugfestigkeit und Bruchdehnung aufweisen, sowie sich ausreichend fest mit der Matrix verbinden.
- Die Fasern müssen bestehende Anforderungen an die physiologische Unbedenklichkeit und Umweltverträglichkeit erfüllen.

Die verschiedenen, für Faserbetone in Frage kommenden Faserarten lassen sich nach [75] wie folgt einteilen:

- Metallfasern:
    - Stahldrahtfasern,
    - Spanfasern,
    - Blechfasern,
- Synthetische Fasern:
    - Glasfasern,
    - Kunststofffasern:
        - Polypropylenfasern (PP),
        - Polyacrylnitrilfasern (PAN),
        - Polyvinylalkoholfasern (PVA),
        - Polyethylenfasern (PE),
        - Aramidfasern,
    - Kohlenstofffasern,
- Naturfasern:
    - Pflanzliche Naturfasern (Zellulosefasern aus Holz, Baumwolle, Hanf, Jute Kokos, Sisal, Bambus, etc.),
    - Mineralische Fasern:
        - Asbestfasern,
        - Basaltfasern,
- Keramische Fasern.

Die Herstellung von Stahldrahtfasern erfolgt aus kaltgezogenem Walzdraht, wobei auch Edelstahldrähte verarbeitet werden können. Der Stahldraht wird durch Walzen geführt und auf Länge geschnitten. Durch entsprechend ausgebildete Walzen können auch gewellte Fasern hergestellt werden, die Oberfläche der Fasern profiliert oder die Faserenden gekröpft oder mit abgeflachten Haken versehen werden. Die Faseroberfläche kann blank belassen werden oder verzinkt, vermessingt oder verkupfert ausgeführt werden. Die Zugfestigkeit der Stahldrahtfasern liegt üblicherweise im Bereich von 1000 bis 1500 MPa. Für

Spezialanwendungen, wie z.B. in UHPC, stehen Fasern mit Zugfestigkeiten von über 2000 MPa, besonders geringen Faserdurchmessern (ab 0,1 mm) und Faserlängen ab 6 mm zur Verfügung. Derartige Fasern werden üblicherweise als Mikrostahlfasern bezeichnet [75].

Für technische Anwendungen steht eine große Anzahl verschiedener Glasarten mit unterschiedlichen Zusammensetzungen und Eigenschaften zur Verfügung. Für den Einsatz im Beton ist aber grundsätzlich nur alkaliresistentes Glas (AR-Glas) geeignet. Die Alkalibeständigkeit wird durch einen hohen Anteil (ca. 15 bis 20 M.-%) an Zirkoniumdioxid erreicht. Die Herstellung von Glasfasern erfolgt im Düsenziehverfahren oder im Düsenblasverfahren [76]. Die Glasfasern verbinden sich mit der Betonmatrix so gut, dass die Zugfestigkeit der Glasfasern bei üblichen Faserlängen ausgenützt werden kann. Die Zugfestigkeit von Glasfasern liegt zwischen 2000 bis 3700 MPa und der Elastizitätsmodul bei 75 GPa. Allerdings sind Glasfasern sehr kerb- und ritzempfindlich, was bereits beim Einmischen der Fasern in den Beton zu Beschädigungen an den Fasern führen kann [75].

Kunststofffasern können im Spinnverfahren oder durch das Ausstanzen aus einer Folie erzeugt werden. Monofilamente Fasern (Einzelfasern) werden gesponnen, oberflächenbehandelt und auf Länge geschnitten. Fibrillierte Fasern werden in einer netzartigen Struktur aus einer Kunststofffolie ausgestanzt. Dabei entstehen Faserbündel, die sich erst während des Mischvorgangs in Einzelfasern auftrennen [75].

Polypropylenfasern werden sehr häufig in Betonen und Estrichen verwendet, sowohl in monofilamenter als auch in fibrillierter Form. Das Verbundverhalten mit der Matrix ist für fibrillierte PP-Fasern besser einzuschätzen als für monofilamente PP-Fasern. PP-Fasern weisen eine hohe alkalibeständigkeit auf, und können Zugfestigkeiten bis 700 MPa sowie einen Elastizitätsmodul zwischen 7 und 18 GPa aufweisen [75].

Polyvinylalkoholfasern wurden zunächst als Asbestsubstitution in Faserzementprodukten verwendet. Inzwischen wurden PVA-Fasern vor

Ultra High Performance Concrete (UHPC) – Stand der Technik

allem in Japan auch für Spritzbeton und Konstruktionsbeton eingesetzt. Der Elastizitätsmodul liegt zwischen 25 und 40 GPa, und es können Zugfestigkeiten bis zu 1900 MPa erreicht werden. Die PVA-Fasern sind besonders alkaliresistent und alterungsbeständig. Das Einmischen der Fasern in den Beton bereitet üblicherweise keine Probleme, und der Verbund zur Matrix ist sehr gut [77].

Carbon-Nanotubes (CNT) bzw. Kohlenstoffnanoröhrchen sind mikroskopisch kleine, röhrenförmige Gebilde aus reinem Kohlenstoff. Die Kohlenstoffatome bilden eine sechseckige, wabenartige Struktur. Der Durchmesser der Röhrchen liegt meist im Bereich von 1 bis 50 nm. Dem gegenüber steht eine Länge von wenigen Mikrometern bis zu mehreren Millimetern für einzelne Röhren. Für Röhrenbündel wurden auch schon Längen von mehreren Zentimetern erreicht [78]. Entsprechend dem Wandaufbau wird unterschieden zwischen einwandigen (singlewalled carbon nanotubes – SWCNT) und mehrwandigen (multiwalled carbon nanotubes – MWCNT) Röhren (Abbildung 27).

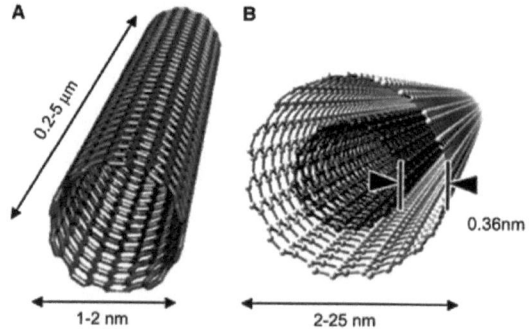

Abbildung 27: Schematische Darstellung einer singlewalled carbon nanotube (SWCNT, links) und einer multiwalled carbon nanotube (MWCNT, rechts) [79]

Entdeckt uns benannt wurden MWCNTs im Jahre 1991 von *Iijima* [80]. Diese englischsprachige Veröffentlichung wird allgemein als Entdeckung der MWCNTs angesehen, obwohl bereits 1952 russische Wissenschaftler die Existenz solcher Kohlenstoffstrukturen beschrieben haben – allerdings auf Russisch [81]. Die Entdeckung der SWCNTs folgte dann zwei Jahre später von *Iijima* [82]. Eine industrielle Herstellung und somit die Möglichkeit einer breiten Anwendung ist erst seit wenigen Jahren möglich. Carbon-Nanotubes weisen herausragende mechanische Eigenschaften auf. Bei einer Dichte von etwa 1,3 bis 1,4 g/cm³ erreichen einwandige CNTs eine Zugfestigkeit von bis zu 30 GPa, mehrwandige CNTs sogar bis zu 63 GPa. Der Elastizitätsmodul kann bis zu 4 TPa erreichen [81]. Daneben weisen Carbon-Nanotubes auch hervorragende elektrische und chemische Eigenschaften auf. Daraus ergeben sich breite Anwendungsmöglichkeiten auf den Gebieten der Elektronik und der Chemie. Ein sehr vielversprechendes Anwendungsgebiet sind allerdings auch Verbundwerkstoffe. Hierbei wird versucht, die faserartige Struktur und die enormen mechanischen Eigenschaften zu nutzen, um Komposite mit Kunstoffen, Metall, Keramik und auch zementgebundenen Werkstoffen herzustellen.

Die Herstellung von Basaltfasern erfolgt im Spinnverfahren aus der Schmelze des Minerals Basalt. Wegen ihrer chemischen und mechanischen Eigenschaften eignen sich Basaltfasern sehr gut für den Einsatz in zementgebundenen Baustoffen. Die Zugfestigkeit liegt zwischen 1800 und 4800 MPa und der Elastizitätsmodul zwischen 90 und 100 GPa [83].

2.4.7 Anwendungszwecke und Wirkungsweisen von Fasern im Beton

Eine genauere Beschreibung der Eigenschaften von UHPC und eine bruchmechanische Betrachtung – auch in Hinblick auf die Wirksamkeit der Fasern – erfolgt in Abschnitt 2.9. An dieser Stelle soll nur kurz dargestellt werden, welche Faserarten geeignet sind, um bestimmte Eigenschaften des Betons zu beeinflussen und zu verbessern.

Das dicht gepackte und nahezu fehlstellenfreie Matrixgefüge führt zwar zu einer extrem hohen Druckfestigkeit, aber auch zu einem hohen Elastizitätsmodul und einem nahezu linear elastischen Bruchverhalten. UHPC zeigt ein wesentlich spröderes Bruchverhalten als Normalbeton [75]. Die Zugfestigkeit von UHPC steigt im Vergleich nicht in gleichem Maße an wie die Druckfestigkeit. So liegt das Verhältnis von

Biegezugfestigkeit zu Druckfestigkeit bei Normalbeton üblicherweise bei etwa 1 zu 5 und bei UHPC meist bei etwa 1 zu 10. Weiters enthält UHPC einen verhältnismäßig hohen Bindemittelanteil, was zu relativ großen Schwindverformungen führen kann.

Aus diesen Eigenschaften von UHPC lassen sich die Haupteinsatzzwecke für Fasern ableiten:

1. Verbesserung des Bruch- und Verformungsverhaltens (Duktilität),
2. Erhöhung der Zugfestigkeit,
3. Verringerung von Schwindrissen und –verformungen,
4. Verbesserung des Brandwiderstandes.

Im ungerissenen Zustand des Betons wirken die Fasern entsprechend ihrer Dehnsteifigkeit im Verhältnis zur Dehnsteifigkeit der Matrix am Lastabtrag mit. Sie wirken wie eine Bewehrung, die bei steigender Belastung die Bildung und danach das Öffnen von Makrorissen behindert. Solange die Rissbreiten nicht zu groß und die Fasern ausreichend in der Matrix verankert sind, können diese über die Rissufer hinweg Zugkräfte übertragen. Bei faserbewehrten Betonen entsteht ein fein verteiltes Rissbild mit kleinen Rissbreiten und geringen Rissabständen. Das Versagen unter Zugbelastung eines mit Fasern verstärkten Betons erfolgt entweder durch Herausziehen der Fasern aus der Matrix oder durch den Bruch der Fasern. Dabei spielen der Faserwerkstoff, die Fasermenge, das Verbundverhalten der Fasern in der Matrix und auch die Faserausrichtung eine Rolle [75]. Dementsprechend kann durch die Zugabe geeigneter Fasern die Festigkeit gesteigert, ein duktiles Bruchverhalten und eine Nachrisszugfestigkeit gewährleistet werden.

Üblicherweise werden bei UHPC glatte Stahldrahtfasern eingesetzt. In der Praxis haben sich Zugabemengen von 1 bis 4 Vol.-% Stahlfasern mit einem Verhältnis von Länge zu Durchmesser von 60 bewährt. Durch die dichte Matrix von UHPC ist der Verbund der Stahlfasern hier wesentlich besser als bei Normalbeton [58]. Die dreidimensionale Verteilung der Fasern im Beton bewirkt, dass nicht alle Fasern normal zur Bruchfläche liegen. Durch einen schrägen Faserauszug entsteht eine Querpressung in den Fasern an den Rissflanken [84] (Abbildung 28). Besonders Glasfasern, Basaltfasern und speziell auch Kohlenstofffasern sind diesbezüglich sehr empfindlich und brechen leicht, bevor sie eine rissüberbrückende Wirkung erreichen können [75], [84], [85]. Dünne Stahldrahtfasern hingegen erweisen sich diesbezüglich als ausgesprochen duktil, was sicherlich ein Hauptgrund für die bevorzugte Verwendung in UHPC ist.

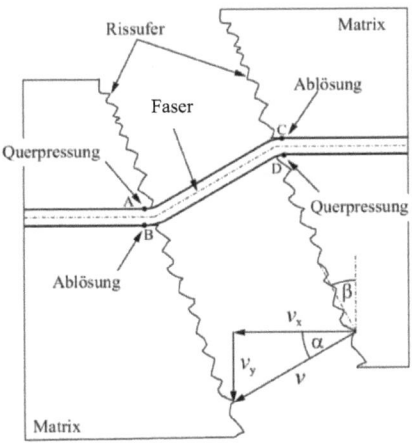

Abbildung 28: Schematische Darstellung einer Faser bei schrägem Auszug aus der Matrix [86]

Zusätzlich zu den Stahlfasern können auch kurze PP-Fasern einen wesentlichen Beitrag zur Festigkeitssteigerung und Erhöhung der Duktilität leisten. Sie bewirken als Mikrosollbruchstellen eine ausgeprägte Mikrorissbildung in der dem Makroriss vorausgehenden Bruchprozesszone (vgl. Abschnitt 2.9) und die Stahlfasern werden so früher und kontinuierlicher aktiviert [39].

Im Hinblick auf des Schwindverhalten von UHPC können Kunststofffasern die Gefahr der Rissbildung auf Grund des Frühschwindens verringern [87], [88]. Durch die Zugabe von 1 Vol.-% Stahlfasern konnten die Schwindverformungen, auf Grund des autogenen Schwindens im Vergleich zu UHPC ohne Stahlfasern, um 10 bis 15 % verringert werden [89]. In [90] konnte ebenfalls eine positive Wirkung unterschiedlicher Stahlfasern auf

Ultra High Performance Concrete (UHPC) – Stand der Technik

das Schwindverhalten von Beton festgestellt werden. Die Untersuchungen in [85] zeigten, dass auch die Verwendung von Basaltfasern das Schwinden reduzieren konnte.

Der Brandwiderstand von UHPC ist sehr gering. Durch das besonders dichte, porenarme Gefüge kann der, bei einer raschen Erwärmung des Betons im Brandfall, entstehende Wasserdampf nicht schnell genug entweichen. Es kommt zu einem Druckaufbau und in weiterer Folge zur Überschreitung der Zugfestigkeit des Betons. Die plötzliche Entspannung des Dampfdrucks führt so zum explosiven Abplatzen an der Betonoberfläche und in weiterer Folge zum frühzeitigen Versagen des Betons [91]. Durch die Zugabe von Kunststofffasern, meistens Polypropylenfasern, kann das Brandverhalten von UHPC verbessert und das explosive Abplatzen verhindert werden [92], [93]. Der Haupteffekt der Fasern besteht vereinfacht ausgedrückt darin, dass sie bei ca. 160 °C schmelzen und so ein Kapillarporensystem hinterlassen, durch das der Wasserdampf entweichen kann [94].

Um mehrere positive Beeinflussungen des Materialverhaltens von UHPC gleichzeitig zu erreichen, können Fasern unterschiedlicher Länge und Typs als sogenannten Faser-Cocktails dem Beton beigemischt werden. Man spricht dann auch von Hybridfaserbeton.

Der Einsatz von Carbon-Nanotubes in der Betontechnologie von UHPC erscheint sehr vielversprechend. Durch die Zugabe von nur 0,022 M.-% MWCNTs bezogen auf das Zementgewicht konnte der Verbund zwischen Stahlfasern und Betonmatrix wesentlich verbessert werden. Eine wesentliche Steigerung der Druck- und Biegezugfestigkeit konnte aber nicht erreicht werden, was die Autoren auf den niedrigen Gehalt an Carbon-Nanotubes zurückführten [95]. In [96] konnte die Druckfestigkeit durch 0,5 M.-% MWCNTs bezogen auf das Zementgewicht um bis zu 12 % gesteigert werden. Eine gute Dispergierung der Carbon-Nanotubes war außerordentlich wichtig. So konnte in [97] gezeigt werden, dass die Biegezugfestigkeit durch Zugabe von nur 0,048 M.-% MWCNTs bezogen auf das Zementgewicht um 25 % gesteigert werden konnte, wenn die CNTs

Ultra High Performance Concrete (UHPC) – Stand der Technik

mit Ultraschall ausreichend gut dispergiert wurden. Dass Carbon-Nanotubes die Hydration und die Ausbildung der CSH-Phasen und damit die Mikrostruktur des Zementsteins beeinflussen können, wurde beispielsweise in [98] und [99] gezeigt. Daraus folgte eine Reduktion der Nanoporosität, was in weiterer Folge zu einer starken Reduktion des autogenen Schwindens führte [98].

2.4.8 Textile Bewehrungssysteme

Im Gegensatz zu Fasern sind textile Bewehrungssysteme nicht Bestandteil der Mischungszusammensetzung von UHPC. Da diese aber auch mit UHPC eingesetzt werden können und außergewöhnliche Möglichkeiten bei der Herstellung von Bauteilen bieten, soll an dieser Stelle darauf eingegangen werden.

Da, wie bereits erwähnt, die Ausrichtung der Fasern meist zufällig über den Querschnitt verteilt vorliegt, ist nur ein Teil der Fasern für die Aufnahme von Kräften optimal ausgerichtet. Technologisch bedingt liegt die Obergrenze des Fasergehalts, je nach Fasertyp, bei etwa 6 Vol.-%. Höhere Fasergehalte lassen sich nur schwer einmischen und die Betone sind schwierig einzubauen und zu entlüften. Das duktile Bruchverhalten des Betons kann zwar deutlich verbessert werden, aber einer Steigerung der Tragfähigkeit auf Zug sind dadurch Grenzen gesetzt [86].

Dies führte vermehrt zum Einsatz von Endlosfasern in Form von Rovings (Fasersträngen) [75], [100]. Werden Rovings mit Hilfe der Textiltechnik zu flächigen oder räumlichen Gebilden verarbeitet, entstehen textile Strukturen, die sich als Bewehrung für Betonbauteile eignen. Nach der Art und Weise der Verbindung der einzelnen Rovings wird zwischen Geweben, Gewirken und Gelegen unterschieden. In Abhängigkeit von der Web- und Wirktechnologie können sowohl biaxiale wie auch multiaxiale Orientierungen realisiert werden (Abbildung 29). Als Faserwerkstoffe werden meist alkaliresistente Glasfasern, Kohlenstofffasern oder auch Aramidfasern sowie Basaltfasern verwendet. Die textilen Bewehrungen können durch Variation des Fasermaterials, des Garnquerschnitts sowie durch den Abstand und die Orientierung der Rovings gezielt an die

Anforderungen der Tragfähigkeit angepasst werden. Das lässt eine optimale Ausnutzung der Fasern und des Betons zu. Da keinerlei Anforderung an eine Betonüberdeckung wie bei einer Stahlbewehrung einzuhalten sind, lassen sich besonders dünne Bauteilquerschnitte realisieren. Durch die hohe Anpassungsfähigkeit der textilen Bewehrung sind der Formgebung der zu realisierenden Objekte kaum Grenzen gesetzt.

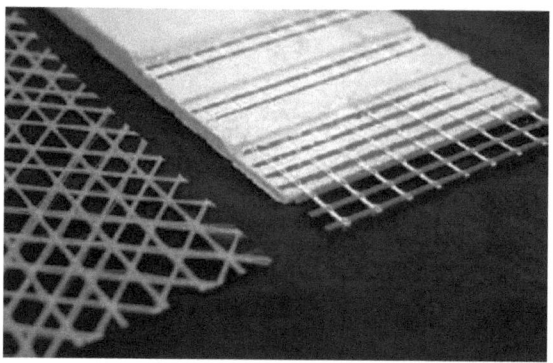

Abbildung 29: Multiaxiale Textilbewehrung (links) und mit einem biaxialen Gelege bewehrter Beton (rechts) [86]

Die Anwendungsmöglichkeiten des textilbewehrten Betons sind auf Grund seiner hohen Flexibilität sehr vielfältig. Mit diesem noch jungen Werkstoff können ganz neue Anwendungsgebiete erschlossen werden, die sich von filigranen Tragkonstruktionen bis hin zum Gebrauchsgüterbereich erstrecken [75], [86], [101], [102].

2.5 Mischen, Einbauen und Nachbehandlung

Das Mischen beeinflusst nahezu alle Eigenschaften des Betons. Sowohl die Frischbetoneigenschaften als auch die Festbetoneigenschaften hängen maßgeblich von der Herstellung des Betons ab. Eine Optimierung der Mischzeit ist aus wirtschaftlicher Sicht von Bedeutung. Hochleistungs- und Ultra-Hochleistungsbetone stellen hohe Ansprüche an die Mischtechnik, um zielsicher und wirtschaftlich hergestellt werden können.

2.5.1 Mischtechnik

Für das Mischen von Beton verlangt beispielsweise die ÖNORM B 4710-1 [72], dass ein Mischer in der Lage sein muss, mit seinem Fassungsvermögen innerhalb der Mischdauer eine gleichmäßige Verteilung der Ausgangsstoffe und eine gleichmäßige Verarbeitbarkeit des Betons zu erzielen. Entspricht ein Mischer diesen genannten Anforderungen, muss das Mischen solange dauern, bis die Mischung gleichförmig erscheint [72]. Eine Definition der Gleichförmigkeit wird allerdings nicht angegeben, sodass es vom Gefühl des Anwenders abhängt, wann diese Gleichförmigkeit erreicht wird, und wie sie beurteilt wird [103].

Mischen kann definiert werden als eine Stoffvereinigung aus unterschiedlichen Stoffkomponenten. Eine gute Mischung ist dadurch gekennzeichnet, dass die Zusammensetzung einer Probe aus der Mischung mit der Gesamtzusammensetzung der Mischung möglichst weitgehend übereinstimmt [104].

Die Mischgüte kann statistisch über die Varianz der Volumenkonzentration der zu mischenden Komponenten beschrieben werden. Je kleiner die Varianz der Proben ist, desto weniger weicht die Zusammensetzung der Probe von der Gesamtzusammensetzung ab, und umso größer ist daher die Mischgüte [104]. Die für das Mischen notwendigen Platzwechsel der Partikel können durch zwei grundlegende Vorgänge beschrieben werden. Beim distributiven Mischen erfolgt eine einfache Lageänderung der Partikel, was keine hohen Schergeschwindigkeiten erfordert. Beim dispersiven Mischen hingegen werden auch Agglomerate aufgeschlossen. Hierazu sind jedoch hohe Schergeschwindigkeiten erforderlich [105].

Die Ausgangsstoffe von UHPC bestehen zum Großteil aus feinen Pulvern, die zum Agglomerieren neigen [106]. Mit hohen Schergeschwindigkeiten, die nur mit schnell drehenden Mischwerkzeugen erreicht werden, können diese Agglomerate aufgebrochen und die Wirkung der Komponenten, z.B. Mikrosilika, wesentlich verbessert bzw. ausgeschöpft werden. Die höheren Werkzeuggeschwindigkeiten führen zu einem stärkeren Energieeintrag und in weiterer Folge zu kürzeren Mischzeiten [105].

Ultra High Performance Concrete (UHPC) – Stand der Technik

Grundsätzlich ist es möglich, UHPC mit jedem herkömmlichen Zwangsmischer herzustellen [87], [106]. Hohe Schergeschwindigkeiten können aber mit ihnen nicht erreicht werden. Da die Mischgüte mit zunehmender Werkzeuggeschwindigkeit besser wird, empfiehlt sich der Einsatz eines Intensivmischers [103].

Ein solcher Intensivmischer wird von der Firma Eirich hergestellt und kommt häufig für Untersuchungen an UHPC zum Einsatz, z.B. in [39], [106], [107], [108]. In Abbildung 30 ist das Mischprinzip des Eirich-Intensivmischers dargestellt.

Abbildung 30: Mischprinzip des Eirich-Intensivmischers [103]

Ein schräg stehender, rotierender Mischteller transportiert das Mischgut, und ein feststehender Wandabstreifer als Strömungslenker wirft es auf ein schnell drehendes Mischwerkzeug (Wirbler). Der Transport des Mischgutes und der Mischprozess sind auf diese Weise entkoppelt. Es ist möglich, innerhalb einer Umdrehung des Mischbehälters, das gesamte Mischgut umzuwälzen [103], [109]. Die Materialströme im Mischer sind in Abbildung 31 dargestellt.

Ultra High Performance Concrete (UHPC) – Stand der Technik

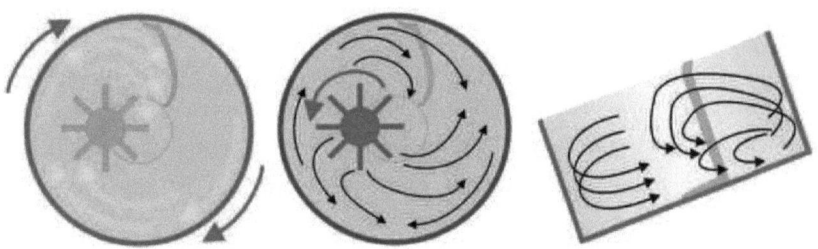

Abbildung 31: Schema der Materialströme im Erich-Intensivmischern [109]

Die Umdrehungsgeschwindigkeit des Mischbehälters und die Wirblergeschwindigkeit können in weitem Rahmen variiert werden. Außerdem stehen verschiedene Wirblertypen für eine individuelle Anpassung des Mischprozesses an das Mischgut zur Verfügung.

2.5.2 Mischdauer

Nach [110] lässt sich die Mischdauer anhand der aufgezeichneten Leistung des Mischwerkzeugs und des Verlaufs des Setzfließmaßes in drei Phasen einteilen (Abbildung 32):

1. Dispergierung: Das Wasser wird in der Mischung verteilt. Wegen der Oberflächenspannung des Wassers und des Kapillardrucks innerhalb der Flüssigkeitsbrücken zwischen den Partikeln erhöhen sich die interpartikulären Kräfte. Das führt zu einem signifikanten Leistungsanstieg am Mischwerkzeug. Der weitere Aufschluss von Wasser und Fließmittel führt zum Übergang von einem Kornhaufwerk zu einer Suspension. Die Partikel befinden sich dann in einer flüssigen Umgebung, die Kapillarkräfte entfallen, und die Mischleistung sinkt wieder ab. Mit zunehmender Verteilung der Ausgangsstoffe nimmt die Fließfähigkeit des Betons zu.
2. Optimum: Die Mischleistung sinkt weiter ab, bis ein Plateau erreicht wird. Damit kann von einer weitgehenden Homogenisierung der Ausgangsstoffe und dem vollständigen Aufschluss des Fließmittels ausgegangen werden. Die Fließfähigkeit erreicht zu diesem Zeitpunkt ihr Maximum.
3. Übermischung: Eine weitere Zufuhr von Mischenergie kann die

Mischgüte nicht mehr verbessern. Für UHPC bleibt die Fließfähigkeit zwar mehr oder weniger erhalten [111], für Betone mit gröberen Gesteinskörnungen nimmt das Setzfließmaß ab, weil durch den Abrieb der groben Körner der Feinanteil und somit der Wasseranspruch erhöht wird.

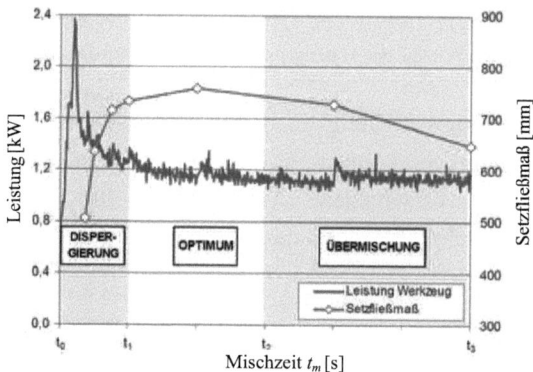

Abbildung 32: Einfluss der Mischdauer auf die Mischleistung und das Setzfließmaß [110]

In Abbildung 33 ist der Einfluss der Betonzusammensetzung auf das Setzfließmaß in Abhängigkeit von der Mischzeit dargestellt [110]. Es ist zu erkennen, dass jede Mischungszusammensetzung bei einer anderen Mischzeit ihr maximales Setzfließmaß aufweist.

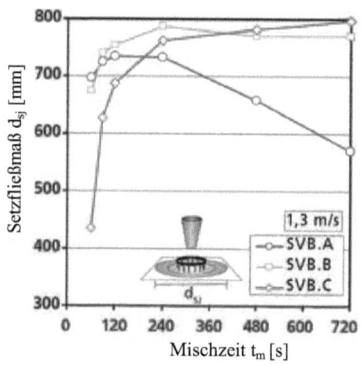

Abbildung 33: Einfluss der Betonzusammensetzung auf das Setzfließmaß in Abhängigkeit von der Mischzeit [110]

Ultra High Performance Concrete (UHPC) – Stand der Technik

Die optimale Mischzeit ist daher für jede Mischungszusammensetzung eine Andere und wird als Stabilisationszeit t_s bezeichnet. Sie kann aus der aufgezeichneten Leistungskurve ermittelt werden [112]. In Abbildung 34 ist die Ermittlung der Stabilisationszeit aus der Leistungskurve grafisch dargestellt. *Mazanec* beschreibt in [113] die Vorgangsweise: Zuerst wird die Leistungskurve in Bezug auf die maximale Leistung normalisiert und der Bereich der Kurve nach dem Leistungsmaximum durch eine Exponentialfunktion angenähert. Der Zeitpunkt, an dem die Steigung der Kurve einen bestimmten Wert ε erreicht, ist die Stabilisierungszeit.

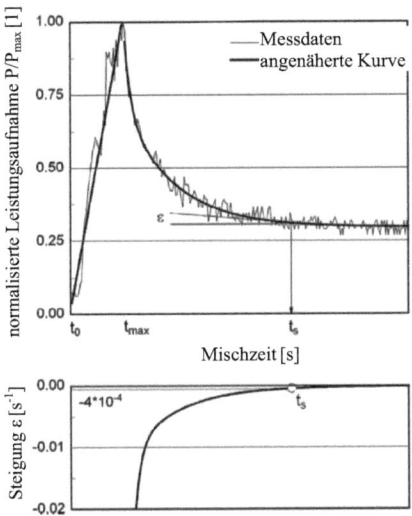

Abbildung 34: Ermittlung der Stabilisationszeit aus der Leistungskurve [113]

Mazanec gibt für ε den Wert $-4 \cdot 10^{-4}$ s^{-1} an. Zu diesem Zeitpunkt bietet jede Mischungszusammensetzung, unabhängig von der Werkzeuggeschwindigkeit, optimale Verarbeitungseigenschaften, und es ist sichergestellt, dass die Mischung bestmöglich dispergiert ist [113]. Für diese Untersuchungen von *Mazanec* wurde der Beginn der Mischzeit vom Zeitpunkt der Wasserzugabe an gezählt. Die trockenen Ausgangsstoffe wurden zuvor 15 s lang gemischt [113]. Dass aber auch gerade dieses Trockenmischen, also das Homogenisieren der trockenen Ausgangsstoffe vor der Wasserzugabe, die Eigenschaften des Betons beeinflusst, wurde von *Safranek* [114] untersucht. Dabei wurden Homogenisierungszeiten von 45 s, 90 s und 135 s angewendet. Es hat sich gezeigt, dass bei längerer Homogenisierungszeit das Ausbreitmaß (nicht Setzfließmaß) größer und so die Verarbeitbarkeit verbessert wurde. Die Druckfestigkeit stieg ebenfalls eindeutig bei einer längeren Homogenisierungszeit. So steigerte sich die Druckfestigkeit, je nach Werkzeugtyp und -geschwindigkeit, um bis zu 14 % bei einer Homogenisierungszeit von 135 s im Vergleich zu einer von 90 s [114].

2.5.3 Mischwerkzeug und Werkzeuggeschwindigkeit

Die Untersuchungen von *Safranek* [114] zeigten weiters, dass durchaus Unterschiede in der Festigkeitsentwicklung des Betons bei der Verwendung unterschiedlicher Wirbler bestand. Die Druckfestigkeiten lagen bei Mischungen unter Verwendung eines Stiftenwirblers nach 24 h um 5,5 %, nach 7 Tagen um 2,1 % und nach 28 Tagen um 1,3% höher als bei Mischungen, die mit einem Sternwirbler hergestellt wurden, was maßgeblich auf die wesentlich höhere Mischleistung des Stiftenwirblers zurückzuführen ist. In Abbildung 35 sind die Mischleistungen eines Stiften- und eines Sternwirblers unter gleichen Mischbedingungen (gleiche Mischungsgröße und -zusammensetzung, gleiche Wirblerdrehzahl) dargestellt. Diese Leistungskurven wurden mit dem 75 l fassenden Eirich R08 aufgezeichnet, da dieser Mischer über eine entsprechende Steuerung mit Datenaufzeichnung verfügt.

Ultra High Performance Concrete (UHPC) – Stand der Technik

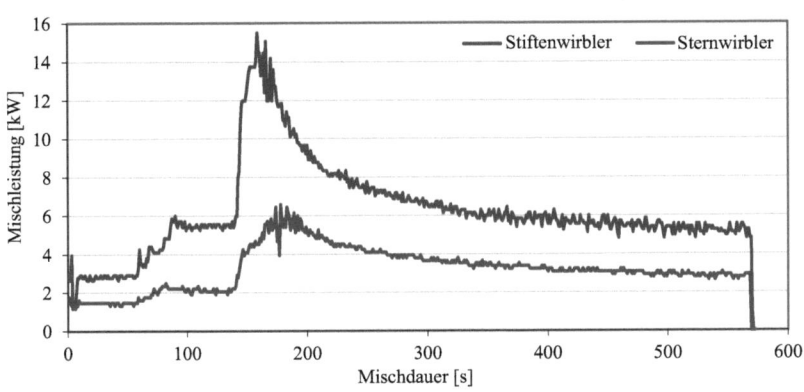

Abbildung 35: Mischleistung von Sternwirbler und Stiftenwirbler im Vergleich

Auch in [39] wird darauf hingewiesen, dass sich ein Stiftenwirbler besser zur Verteilung von Wasser und Fließmittel während des Mischvorganges eignet als ein Sternwirbler, der eher zum Homogenisieren von trockenem Pulver verwendet wird.

Im Hinblick auf die Werkzeuggeschwindigkeit wurde von *Mazanec* festgestellt, dass die Stabilisierungszeit mit zunehmender Werkzeuggeschwindigkeit abnimmt. Bei höheren Werkzeuggeschwindigkeiten werden Wasser und Fließmittel schneller verteilt und das Leistungsmaximum wird früher erreicht [113]. Allerdings bewirken hohe Werkzeuggeschwindigkeiten auch höhere Temperaturen des Mischgutes, allein schon durch die Reibung der Partikel. Daher setzten sich immer mehr sogenannte hybride Mischprozesse durch. Das bedeutet, dass nach einer anfänglichen hohen Werkzeuggeschwindigkeit zum Dispergieren die Drehzahl des Werkzeugs gesenkt wird [64], [113].

2.5.4 Mischreihenfolge

Safranek hat in ihren Untersuchungen [114] zuerst die Feinststoffe homogenisiert und erst danach den Sand zugegeben. Üblicherweise werden aber alle trockenen Ausgangsstoffe in der ersten Mischphase homogenisiert [39], [64], [113], [115].

Wesentlich erscheint jedoch der Zugabezeitpunkt des Fließmittels.

Grundsätzlich ist es möglich, das gesamte Fließmittel mit dem Wasser zuzugeben. Es ist aber dabei mit einer längeren Mischzeit, einer höheren Viskosität und einer kürzeren Verarbeitungszeit zu rechnen [39], [113]. Es empfiehlt sich daher, nur einen Teil des Fließmittels mit dem Wasser zuzugeben, um Agglomerationen der Feinstoffe zu vermeiden. Der zweite Teil des Fließmittels sollte daher etwas später zugegeben werden, um optimale Verarbeitungseigenschaften zu erzielen. Dieser Zeitpunkt hängt aber vom Zement und dem Fließmittelwirkstoff ab [113]. Eine wesentliche Rolle spielen dabei der Sulfatträger, der C_3A-Gehalt, der Alkaligehalt und die Mahlfeinheit des Zements [56]. Die Mischungstemperatur beeinflusst ebenfalls die Wirkung des Fließmittels. Ab etwa 35 °C nimmt die verflüssigende Wirkung ab [116]. Eine Vorhersage, welches Fließmittel optimal zu einem bestimmten Zement passt und wann genau es während des Mischens zugegeben werden sollte, bleibt schwierig und wird wohl vorerst noch experimentell für jede Mischungszusammensetzung ermittelt werden müssen.

2.5.5 Mischen unter Vakuum

Bei der Verwendung der Vakuumperipherie ist besonders auf die Temperatur des Mischgutes zu achten. Der Dampfdruck des Wassers steigt mit zunehmender Temperatur an. Wenn dieser den umgebenden Luftdruck übersteigt, beginnt das Wasser zu sieden und zu verdampfen [117]. Bei dem stark reduzierten Druck im Mischer während der Entlüftungsphase passiert das folglich bereits bei niedrigen Temperaturen. Bei einer Mischungstemperatur von beispielsweise 30 °C darf der Druck im Mischer nicht weniger als 43 mbar betragen, weil es sonst zu einem unerwünschten Wasserentzug aus dem Frischbeton kommt (Abbildung 36). Daraus ergibt sich ein praktisch nutzbarer Bereich für den Unterdruck von 40 bis 60 mbar.

Ultra High Performance Concrete (UHPC) – Stand der Technik

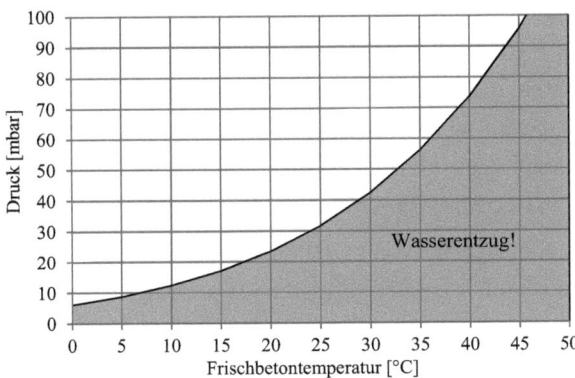

Abbildung 36: Dampfdruckkurve von Wasser zur Vorbeugung von Wasserentzug aus dem Frischbeton

Schachinger konnte durch Anlegen eines Unterdrucks von 50 mbar in der letzten Mischminute den Luftgehalt des Frischbetons auf weniger als 0,5 % reduzieren. Dadurch steigerten sich die Rohdichte und damit auch die Druckfestigkeit. Die mittlere Druckfestigkeit konnte so von 150 MPa auf 230 MPa gesteigert werden [39]. Das entspricht einer Steigerung der Druckfestigkeit von 53 % durch den Vakuummischprozess.

Der Vakuummischprozess wird zwar öfters angewendet [61], [107], [118], aber umfangreiche vergleichende Untersuchungen zu den Auswirkungen des Vakuummischprozesses auf andere Eigenschaften des Betons wurden bis jetzt kaum ausgeführt.

2.5.6 Transport und Einbau des Frischbetons

Der Einsatz von Betonpumpen zum betrieblichen Transport von vakuumgemischtem UHPC lässt keine negativen Auswirkungen auf die mechanischen Eigenschaften des Betons erwarten. Nach [107] konnte sogar eine weitere Absenkung des Luftporengehalts und eine damit verbundene Steigerung der Festigkeit festgestellt werden. Unter Verwendung einer Rotorpumpe konnten auch Stahlfasern ohne Probleme mitverarbeitet und mitgepumpt werden. Es wurden keine Anhäufungen von Stahlfasern beobachtet, und es gab auch keine negativen Auswirkungen auf die Pumpe [107].

Die Verdichtung des Betons kann mit Außen- oder auch Innenrüttlern erfolgen. Bei UHPC mit Fasern ist bei der Verwendung von Innenrüttlern darauf zu achten, dass keine faserfreien Rüttelgassen entstehen [69]. Wenn der Beton nicht in fließfähiger Konsistenz hergestellt wird, ist erfahrungsgemäß eine höhere Verdichtungsenergie als bei Normalbeton notwendig, um den zäh-viskosen UHPC zu entlüften [69].

Durch die Klebrigkeit von UHPC bildet sich im Gegensatz zum Normalbeton (durch Verdichtung) kein Wasserfilm an der Oberfläche aus. Stattdessen entsteht eine dünne, geschlossen und zähe Schicht („Elefantenhaut"), die sorgfältig nachbehandelt werden muss. Je nach Witterungsbedingungen (Wind, Sonneneinstrahlung), muss unmittelbar nach dem Einbau des Betons mit der Nachbehandlung begonnen werden. Um das Austrocknen zu verhindern, ist die effektivste Methode eine ständige Feuchtezufuhr. Der Frischbeton kann auch durch Abdecken mit einer Folie oder dem Aufsprühen von geeigneten Nachbehandlungsmitteln vor Verdunstung geschützt werden [119].

Eine Anwendung als Spritzbeton im Nassspritzverfahren ist ebenfalls möglich [120].

2.6 Nachbehandlung bei höheren Temperaturen

Eine Nachbehandlung von UHPC bei höheren Temperaturen führt zu einer schnelleren Festigkeitsentwicklung, und es kann schon nach wenigen Tagen eine hohe Endfestigkeit erreicht werden. Das ist vor allem für die Herstellung von Bauteilen in einem Fertigteilwerk interessant, weil dadurch die Produktionszyklen wesentlich verkürzt werden können.

Grundsätzlich kann man zwischen feuchten und trockenen Wärmebehandlungen unterscheiden. Eine feuchte Wärmebehandlung erfolgt bis 90 °C in einem Wasserbad oder in einem Klimaschrank bei 100 % relativer Feuchte. Über 100 °C kann die Nachbehandlung unter Atmosphärendruck oder in einem Autoklaven bei dem der jeweiligen Temperatur entsprechenden Wasserdampfsättigungsdruck durchgeführt werden. Trockene Wärmebehandlungen erfolgen in einem Ofen. Die angewendeten Temperaturen für eine Wärmebehandlung erstreckt sich auf einen Bereich von etwa 50 °C bis 400 °C [59].

Eine Wärmebehandlung bei 90 °C beschleunigt die Hydratation und die puzzolanische Reaktion des Mikrosilikas. Dabei wird das Portlandit zur Bildung zusätzlicher, längerkettiger CSH-Phasen aufgebraucht [63], [121]. Bei Temperaturen ab 200 °C konnte auch die Beteiligung des Quarzmehls an der puzzolanischen Reaktion und die Bildung von kristallinem Xonotlit nachgewiesen werden [63].

Eine Wärmebehandlung bei 90 °C kann auch das Kriechen des Betons verringern. Untersuchungen von *Garnas et al.* [122] zeigen, dass das die Kriechverformung von wärmebehandeltem UHPC sowohl bei Zug- als auch bei Druckbelastung nach einem Jahr um etwa 60 % geringer sind als bei einem nicht wärmebehandelten UHPC. Es wurden auch positive Auswirkungen auf das Schwindverhalten des Betons (vgl. Abschnitt 4.4.3.7) festgestellt. Durch eine Wärmebehandlung kann das Schwinden im Wesentlichen nicht verringert werden, es kann aber zu einem großen Teil vorweggenommen werden. Nach der Wärmebehandlung sind daher keine großen Schwindverformungen mehr zu erwarten [123].

2.7 Mikrostruktur

In [55] wurden vergleichende Untersuchungen zur Porosität von Normalbeton, Hochleistungsbeton und UHPC durchgeführt. Ein Vergleich der Porenradienverteilung der unterschiedlichen Betonarten ist in Abbildung 37 dargestellt. Die Gesamtporosität des Normalbetons lag bei 15 Vol.-%, die des Hochleistungsbetons bei 11 Vol.-% und jene der beiden UHPCs jeweils bei nur 6 Vol.-%. Im Hinblick auf die Dauerhaftigkeit des Betons ist der Anteil an Kapillarporen von wesentlicher Bedeutung, da diese für den Stofftransport verantwortlich sind. Dieser Anteil betrug beim Normalbeton 8 Vol.-%, beim hochfesten Beton 6,7 Vol.-% und bei den UHPCs zwischen 1,5 und 1,8 Vol.-% [55]. Untersuchungen in [124] zeigen, dass die Porosität durch eine Wärmebehandlung bei 90 °C nicht nur im Bereich der Kapillarporen, sondern auch im Bereich der Gelporen abnimmt. Eine dadurch verbesserte Dauerhaftigkeit kann aber durch Mikrorisse im Gefüge wieder aufgehoben werden. Speziell bei der

Ultra High Performance Concrete (UHPC) – Stand der Technik

Wärmebehandlung ist besonders auf langsames Aufheizen und Abkühlen zu achten. Bereits bei einer Aufheizrate von 0,2 K/min und einer Abkühlrate von 0,1 K/min kann es zu Mikrorissen im Gefüge kommen [124]. Durch das besonders dichte Gefüge von UHPC kann es ohne Faserbewehrung auch infolge des autogenen Schwindens zu Mikrorissen kommen [89]. Ein möglicher Ansatz zur Vermeidung von Rissen durch autogenes Schwinden könnte eine innere Nachbehandlung sein, wie sie etwa in [125] vorgestellt wurde.

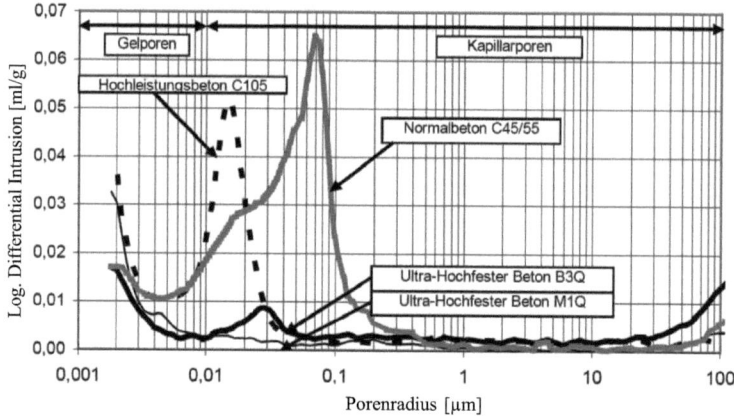

Abbildung 37: Vergleich der Porenradienverteilung von Normalbeton, Hochleistungsbeton und UHPC [55]

2.8 Druckfestigkeit und Elastizitätsmodul

Die Druckfestigkeit gilt im Allgemeinen als der charakteristische Kennwert für Beton, anhand dessen die Klassifizierung von Beton vorgenommen wird. Für eine Bemessung von Betonbauteilen ist die Druckfestigkeitsklasse die maßgebende Größe. Die Druckfestigkeit von UHPC kann, je nach Zusammensetzung und Nachbehandlung, weit über 200 MPa erreichen. Bereits im Jahre 1995 wurde von *Richard* und *Cheyrezy* [4] eine Druckfestigkeit von 810 MPa erreicht. Um diese Festigkeit zu erreichen, wurden Stahlzuschläge (< 800 µm) und Stahlfasern verwendet, mechanisch ein Druck von 50 MPa auf den Frischbeton

Ultra High Performance Concrete (UHPC) – Stand der Technik

aufgebracht und nach dem Erhärten eine Wärmebehandlung zwischen 250 und 400 °C ausgeführt. In einem einaxialen Druckversuch versagt ein Probekörper aus UHPC im Allgemeinen bei einer Betonstauchung von etwa 4 bis 5 ‰. Durch die hohe Festigkeit wird viel Energie gespeichert, und der Probekörper versagt nach einer nahezu ideal elastischen Verformung explosionsartig. Durch die Zugaben von Fasern kann bei einer Druckbeanspruchung ein duktiles Nachbruchverhalten erreicht werden. Die Druckfestigkeit selbst kann durch Fasern aber nur bedingt erhöht werden [66].

Der Elastizitätsmodul (E-Modul) beschreibt das elastische Verformungsverhalten eines Stoffes und wird durch das Verhältnis, einwirkende Spannung zu zugehöriger elastischer Formänderung, ausgedrückt. Wird bei Beton allgemein vom E-Modul gesprochen, so ist stets der statische Druck-E-Modul gemeint [126]. Im Wesentlichen hängt der E-Modul von den E-Moduln seiner Komponenten, also Zementstein und Zuschlag, ab und liegt der Größe nach dazwischen. Bei Normalbeton beträgt der E-Modul meist zwischen 25 bis 45 GPa und hängt stark vom E-Modul der als Zuschlag verwendeten Gesteinskörnung ab, weil diese meist einen wesentlich höheren E-Modul aufweist als der Zementstein. Bei UHPC ist der Einfluss des Zementsteins bzw. der Matrix höher, weil durch die bereits genannten betontechnologischen Maßnahmen nicht nur die Druckfestigkeit der Matrix, sondern auch der E-Modul die Werte der Gesteinskörnung erreichen bzw. überschreiten kann [28]. Der E-Modul von UHPC kann durchaus Werte über 75 GPa erreichen [4]. Während der Erhärtung verläuft die Entwicklung des E-Moduls sowohl bei Normalbeton als auch bei UHPC schneller als die der Zug- und Druckfestigkeit [39]. Der E-Modul bei einer Zugbeanspruchung ist bei kleiner Belastung näherungsweise gleich dem E-Modul für Druck. Erst in der Nähe der Zugfestigkeit nimmt er wegen fortschreitender Mikrorissbildung ab [126].

2.9 Zugfestigkeit und bruchmechanische Kenngrößen

Obwohl die Zugfestigkeit des hochfesten und ultrahochfesten Betons – ähnlich des Normalbetons – dem spröden Werkstoffcharakter entsprechend im Vergleich zur Druckfestigkeit sehr niedrig ist (sie beträgt max. 10 % davon), gibt es zahlreiche Phänomene und baupraktische Problemstellungen, die ohne gründliche Kenntnisse des Trag- und Verformungsverhaltens von zugbeanspruchtem Beton nicht modellierbar sind. Das sind zum Beispiel die berühmten Maßstabseffekte, d.h. Betonbalken mit großem Querschnitt ergeben meistens niedrigere Zugfestigkeiten, oder auch die Durchstanzproblematik punktgelagerter Platten.

Da das Versagensverhalten eines zugbeanspruchten Beton-Probekörpers bzw. Betonbauteils entscheidend durch das Vorhandensein und das Wachstum von Mikrorissen bestimmt wird, ist es naheliegend, bruchmechanische Konzepte, d.h. Energiebetrachtungen bzw. die Berücksichtigung örtlicher Spannungskonzentrationen an Fehlstellen oder Rissen, zur Beschreibung des Verhaltens von Beton bei Zugbeanspruchung anzuwenden. Vor allem in der Forschung, in zunehmendem Maße aber auch bei FE-Analysen, wird daher die sog. Bruchenergie G_F als bruchmechanischer Kennwert zur Beurteilung des Widerstandes von Beton gegen eine Zugbeanspruchung herangezogen [127].

Bereits im Jahre 1921 ging der englische Forschungsingenieur und Bruchmechanik-Pionier *Griffith* in seiner klassischen Arbeit über Sprödbruchmechanik („LEBM", linear-elastische Bruchmechanik) [128] von der Grundidee aus, dass die gespeicherte elastische Verformungsenergie beim Bruchvorgang in Bruchenergie zur Schaffung neuer Rissflächen umgesetzt wird und untersuchte den belasteten Riss in einem spröden Material (z.B. Glas) [129] im Sinne einer Energiebilanz [130] und schuf damit das „energetische Bruchkonzept".

Mit dieser klassischen, „griffithschen" Rissmodellierung, war es aber noch nicht möglich, nichtlineare Stoffgesetze zu berücksichtigen, da die ursprünglich von *Griffith* und später von *Irwin* weiterentwickelten Theorien und Konzepte (Spannungsintensitätsfaktor „K-Konzept" [131] zur Charakterisierung des Rissspitzen-Spannungszustandes) zur Beschreibung des Bruchvorganges in metallischen Werkstoffen (bzw. auch in Gläsern) konzipiert waren und kompliziert aufgebaute, mehrphasige „Betonähnliche" Strukturen nicht modellieren konnten [132].

Gvozdev (Moskau) war einer der ersten Europäer, der wesentliche Elemente der experimentellen Bruchmechanik zur Beschreibung des Betongefüges verwendete und sekundäre, von Gefügeinhomogenitäten und Poren verursachte Spannungsfelder und Rissmechanismen (Rissöffnungsart I) nach bruchmechanischen Prinzipien betrachtete [133].

Eine weitere, hoch interessante Pionierarbeit auf dem Forschungsgebiet der Bruch- bzw. Schadensmechanik wurde Ende der 1950er Jahre von *Rüsch* verfasst [134]. Mittels bauphysikalischer Messmethoden unter der Verwendung empfindlicher, auf belasteten Betonproben montierten Mikrophonen, konnte die Schallemission direkt gemessen und so das Eintreten eines Bruches durch Anwachsen des Schallpegels registriert werden. Diese Beobachtungen bzw. Phänomene wurden von später publizierten theoretischen und experimentellen Forschungsergebnissen [132] bestätigt.

Mit der konkreten Fragestellung, ob bruchmechanische Denkmodelle auch auf den Verbundbaustoff Beton mit einer spröden Verhaltens-Tendenz bei Zugbeanspruchung anwendbar sind, hat sich als erster *Kaplan* [135] im Jahre 1961 auseinandergesetzt. Er führte an Biegeproben mit verschiedener Kerbtiefe an der Zugzonenseite Untersuchungen zur Bestimmung bruchmechanischer Werkstoff-Kennwerte (Energiefreisetzungsrate G_c [136]) durch und verglich die Werte mit theoretischen Berechnungen beruhend auf den Energiebetrachtungen von *Griffith*. Er stellte resümierend fest, dass seine Theorie mit der Definition einer „kritischen Energiefreisetzungsrate" prinzipiell auf den Verbundbaustoff Beton anwendbar ist, aber die Fragestellung „nach einem langsamen Risswachstum" geklärt werden sollte.

Eine einheitliche Terminologie für den in der deutschen und

angelsächsischen Bruchmechanik-Fachliteratur ursprünglich „sehr unscharf" definierten bruchmechanischen Begriff „Energiefreisetzungsrate" (ev. auch Energieanlieferungsrate, also eine Art spezifische Bruchenergie) kam von *Blumenauer* [137] und *Schwalbe* [138]. Die Energiefreisetzungsrate (Dimension [Nmm^{-1}]) wird als Energieterm G definiert, der die auf einem infinitesimalen Rissfortschritt bzw. Rissausbreitung [130] bezogene freigesetzte Energie darstellt. Sie kann im „einfachen linear-elastischen Fall" durch Spannungsintensitätsfaktoren ausgedrückt werden.

Die Energiefreisetzungsrate kann experimentell mit Hilfe von Pre-Compliance-Messungen (Störaussendungsmessungen, z.B. mit dem Spektrumanalysator) bestimmt bzw. gemessen werden und wird zu Ehren und zum Andenken an den Bruchmechanik-Pionier *Griffith* mit dem Symbol „G" ausgedrückt.

Von *Blumenauer* [137] wurde als kritischer Wert der Energiefreisetzungsrate beim Einsetzen von Risswachstum, die „spezifische Rissausbreitungsenergie" G_c (als eine Art „Risswiderstandskraft" bzw. als „Materialwiderstand"-Reaktion) eingeführt. Durch die bruchmechanische Formulierung nach Prinzipien des „Griffithschen Bruchkriteriums" als „Sonderfall" des Kräftegleichgewichtes gilt:

$$G = G_c \qquad (16)$$

Das bedeutet, dass die Energiefreisetzungsrate G, auch „Rissausbreitungskraft" genannt (als Aktion) beim Einsetzen vom Risswachstum der Risswiderstandskraft G_c als „Materialwiderstand"-Reaktion (kann z.B. beim Glas aus der Bruch- bzw. Risszähigkeit ermittelt werden) gleich sein muss [129], [130].

Da aber, wie bereits von *Kaplan* festgestellt, dieses energetische Gleichgewicht nicht auf den Baustoff Beton zutrifft, war es notwendig, Rissmodelle zu entwickeln, welche das nicht lineare Bruchverhalten ebenfalls beschreiben konnten. Um 1960 wurde nahezu zeitgleich von *Dugdale* [139] ein Modell für Metalle und von *Barenblatt* [140] ein kohäsives Rissmodell vorgestellt. Das von Barenblatt entwickelte Modell berücksichtigt die Zugkräfte an der Rissspitze durch die Bindungskräfte zwischen den Atomen. Da aber die Wirkung dieser atomaren Bindekräfte nur auf wenige Atome beschränkt ist, war auch die Gültigkeit auf sehr kleine Rissbreiten beschränkt. Es wird daher anstelle der singulären Spannungsspitze ein Fließbereich angenommen, welcher besonders bei Metallen, zutreffende Ergebnisse liefert. Das Bruchverhalten von normal- und hochfesten Betonen kann aber mit dem Modell des fiktiven Risses nach *Hillerborg et al.* [141] erklärt werden (Abbildung 38). Es wurde aufbauend auf Zugversuchen an Betonstäben und mit Hilfe der Theorie von *Barenblatt* entwickelt. Im Versagenszustand bilden sich bei Beton vor dem Hauptriss (Makroriss) einzelne Mikrorisse in der sogenannten Bruchprozesszone (BPZ) aus (Bereich 2 in Abbildung 38). Der Makroriss selbst wird als spannungsfrei (Bereich 1) angenommen und der ungeschädigte Beton (Bereich 3) wird üblicherweise als isotrop mit ideal-elastischem Verformungsverhalten betrachtet. Anders als bei spröden Materialien, wie z.B. Glas, kann bei Beton die für eine Rissöffnung benötigte Energie nicht direkt aus der Oberflächenspannung des Materials abgeleitet werden. Zusätzlich zur potentiellen Energie, die im Hauptriss zu Oberflächenenergie umgewandelt wird, ist es notwendig, den inelastischen Anteil aus der Bruchprozesszone zu berücksichtigen.

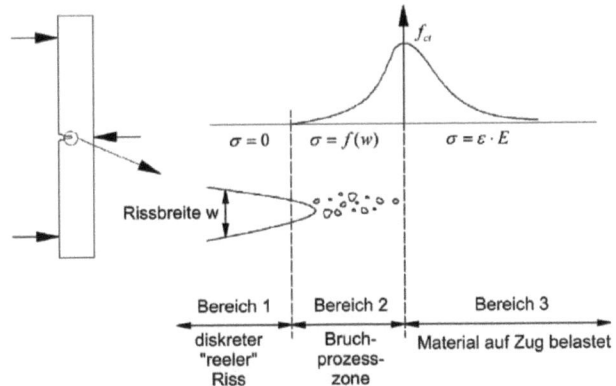

Abbildung 38: Fiktives Rissmodell (Fictious-Crack-Model FCM) [15]

Etwas genauer soll das Rissverhalten mit Hilfe von Abbildung 39 beschrieben werden. Nach dem Modell von *Hillerborg* wird die Bruchprozesszone als fiktiver Riss simuliert. Dieser Ausdruck steht für den Zustand des bereits durch Mikrorisse entfestigten, jedoch noch spannungsübertragenden Materials. Alle Auswirkungen der Interaktionen zwischen dem aufweitenden Hauptriss und den Betonbestandteilen werden an den fiktiven Risswänden durch eine kohäsive Spannung erfasst. An der Spitze des fiktiven Risses, also am Ende der Bruchprozesszone, entspricht diese kohäsive Spannung der Betonzugfestigkeit f_t.

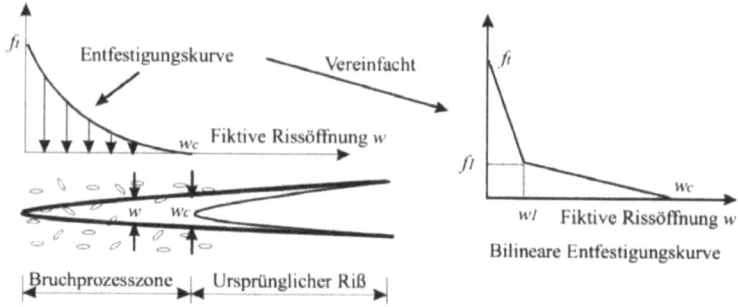

Abbildung 39: Rissverhalten und Entfestigungskurve von Beton [142]

Mit zunehmender Rissöffnung w nimmt die kohäsive Spannung ab, bis sie die Grenzrissbreite w_c erreicht und auf Null abfällt. Die Beziehung zwischen kohäsiver Spannung und fiktiver Rissöffnung wird als Entfestigungsfunktion bezeichnet. *Brühwiler* [143] führte 1988 ein normiertes Dehnungs-Entfestigungs-Diagramm ein, das von den Abmessungen und der Geometrie des verwendeten Probekörpers unabhängig ist. Sind die Zugfestigkeit f_t und die spezifische Bruchenergie G_F bekannt, so lässt sich damit das reale Dehnungs-Entfestigungs-Diagramm skalieren. Als weitere bruchmechanische Materialparameter zur Beschreibung des Bruchverhaltens dienen die zentrische Zugfestigkeit f_t, die Bruchenergie G_F und die charakteristische Länge l_{ch}.

Die bruchmechanisch-betontechnologische Kenngröße Bruchenergie G_F ist definiert als das Flächenintegral unter dem Lastdurchbiegungsdiagramm

[Nmm], bezogen auf die Betonfläche im gekerbten Querschnitt [mm²]. Sie hat also die Dimension bzw. Einheit [Nmm/mm² = N/mm] und hängt von vielen Parametern der Betontechnologie, insbesondre vom Wasserzementwert bzw. Wasserbindemittelwert und vom Zementstein-Zuschlagskorn-Verbund ab. Die Beschaffenheit des Zuschlags hat einen großen Einfluss auf das Bruchverhalten. Nach [144] und [145] erhöht sich die Bruchenergie mit zunehmendem Größtkorn des Zuschlags. Ein Beton mit Rundkorn als Zuschlag weist eine höhere Bruchenergie auf als ein Beton mit gebrochenem Korn. Je fester die Kontaktzone zwischen der Matrix und dem Zuschlagskorn ausgebildet ist, umso spröder ist das Bruchverhalten [146]. Nach einer Arbeit von *Hilsdorf* über Stoffgesetze für Beton [147] kann die Bruchenergie G_F näherungsweise (in Abhängigkeit von der Zylinder-Druckfestigkeit und vom Größtkorn der Gesteinskörnung) nach folgender Gleichung (17) ermittelt bzw. angegeben werden. Ein Vorschlag, der auch im CEB-FIB Model Code 1990 [148] Berücksichtigung fand:

$$G_F = G_{F0} \cdot \left(\frac{f_{cm}}{f_{cm0}}\right)^{0,7} \qquad (17)$$

mit:
f_{cm} mittlere Zylinderdruckfestigkeit des Betons [MPa]
f_{cm0} 10 MPa
G_{F0} Grundwert der Bruchenergie abhängig vom Größtkorn d_{max} des Zuschlags

d_{max} [mm]	8	16	32
G_{F0} [N/mm]	0,025	0,030	0,038

Nach dieser Gleichung nimmt die Bruchenergie G_F als zugbeanspruchbarkeitsspezifische bruchmechanische Kenngröße mit höherer Betondruckfestigkeit und steigendem Größtkorn des Zuschlags zu.

Nach jüngeren Untersuchungen [15] wird mit Gleichung (17) die Zugfestigkeit von Betonsorten mit einer höheren Druckfestigkeit über 80 MPa etwas überschätzt, bzw. bei hochfesten Betonsorten mit steigender

Druckfestigkeit kommt es zu keinem relevanten Anstieg der Bruchenergie mehr.

Mit Hilfe der Bruchenergie G_F lässt sich die sogenannte Sprödigkeitsziffer B (Gleichung (18)) berechnen. Sie wird als das Verhältnis zwischen der in einem Körper mit der Länge l unter zentrischem Zug bei Einsetzen der Rissbildung gespeicherten Energie (elastische Verformungsenergie) und der zur vollständigen Rissöffnung notwendigen Energie (verzehrte Bruchenergie G_F) definiert [60].

$$B = \frac{\frac{1}{2} \cdot \frac{f_{ct}^2}{E_c} \cdot A_c \cdot 2 \cdot l}{A_c \cdot G_F} = \frac{l \cdot f_{ct}^2}{E_c \cdot G_F} = \frac{l}{l_{ch}} \qquad (18)$$

mit:
f_{ct} zentrische Zugfestigkeit
E_c E-Modul
A_c Querschnittsfläche
l Länge
G_F spezifische Bruchenergie

Sprödigkeitsziffern größer als 1,0 weisen im Allgemeinen auf ein sprödes Baustoff- bzw. Werkstoffverhalten hin. Sind die B-Werte kleiner als 1,0 wird ein eher zähes, duktiles Werkstoffverhalten bzw. Deformationsverhalten erwartet.

Durch Umformen der Gleichung (18) erhält man die charakteristische Länge l_{ch}.

$$l_{ch} = \frac{E_c \cdot G_F}{f_{ct}^2} \qquad (19)$$

mit:
E_c E-Modul
G_F spezifische Bruchenergie
f_{ct} zentrische Zugfestigkeit

Die charakteristische Länge l_{ch} wurde erstmals 1986 von *Petersson* [149] verwendet. Nach seiner Definition entspricht l_{ch} der Hälfte der Länge eines

Ultra High Performance Concrete (UHPC) – Stand der Technik

zentrisch gezogenen Stabes aus einem elastischen Werkstoff mit einer Einheitsfläche, in dem beim Erreichen der Zugfestigkeit f_{ct} gerade seine elastische Verformungsenergie gespeichert ist, die zur Erzeugung eines Risses mit einer Einheitsfläche erforderlich ist [15]. Von *Li* [150] wurde 1996 eine auf der Energiebetrachtung bezogenen Herleitung der charakteristischen Länge l_{ch} von Beton entwickelt. Er kam zu dem Schluss, dass die charakteristische Länge mit zunehmender Höhe der Betondruckfestigkeit abnimmt. UHPC mit seiner ausgesprochen hohen Druckfestigkeit weist nur 1/10 bis 1/20 der charakteristischen Länge von Normalbeton auf, was auf eine ausgeprägte Sprödigkeit hinweist ($l_{ch} \approx 200$ bis 400 mm).

Experimentell lässt sich das Bruchverhalten von Beton bzw. betonähnlichen Werkstoffen direkt nur mit einem zentrischen Zugversuch mit einem ungekerbten, prismatischen Probekörper ermitteln. Als indirekte Methoden kommen ein zentrischer Zugversuch oder ein Biegezugversuch, jeweils mit gekerbten Probekörpern, in Frage [151]. Eine weitere Methode ist der Keilspaltversuch nach *Tschegg* und *Linsbauer* [152], *Brühwiler* [143] sowie *Brühwiler* und *Wittmann* [153]. Auf Grund seiner Einfachheit hat sich der Keilspaltversuch bei der Prüfung zementgebundener Werkstoffe bewährt und wurde deshalb auch zur Bestimmung der bruchmechanischen Parameter an den in dieser Arbeit untersuchten Probekörpern verwendet. Eine Beschreibung dieser Methode sowie der Versuchsdurchführung wird in Abschnitt 3.3.6 angegeben.

Werden dem Beton Fasern zugegeben, so muss zusätzlich zur Tragwirkung des Betons auch die Tragwirkung der risskreuzenden Fasern berücksichtigt werden. Zur Beschreibung und Modellierung der risshemmenden und rissüberbrückenden Wirkung unterschiedlicher Fasern im Beton soll an dieser Stelle auf die zahlreich vorhandene, weiterführende Literatur, z.B. [15], [83], [154], [155], verwiesen werden.

Das Bruchverhalten von unbewehrtem UHPC unter Anwendung der Keilspaltmethode wurde in [142] untersucht. Bei einer Druckfestigkeit des Betons von 150 MPa betrug die Bruchenergie 62,8 N/m und bei einer

Druckfestigkeit von 200 MPa nur 54,7 N/m. Dass die Bruchenergie des Betons mit der höheren Festigkeit niedriger war, wurde auf unterschiedliche Porositäten der Betone zurückgeführt. Der Beton mit der geringeren Festigkeit wies eine höhere Porosität auf. Es wurde erkannt, dass die Luftporen offenbar rissstoppend wirkten, was sich in einer höheren Bruchenergie wiederspiegelte [142]. Die charakteristische Länge nahm mit steigender Festigkeit ab. Sie war um das 10 bis 20-fache geringer als bei konventionellen hochfesten Betonen mit einem Größtkorn von 16 mm. Der feinkörnige UHPC war demnach wesentlich spröder als der Beton mit grobem Zuschlag [142]. Untersuchungen an mit Glasfasern bewehrtem UHPC zeigten ein deutlich duktileres Bruchverhalten. In [156] konnte durch die Zugabe von 3 Vol.-% AR-Kurzschnittglasfasern die Bruchenergie auf 2250 N/m erhöht werden. Das war etwa das 12-fache der Bruchenergie der Vergleichsmischung ohne Fasern. Die charakteristische Länge war ca. 30-mal größer beim Beton mit den Glasfasern [156]. Die Werte in [156] wurden an einem gekerbten Balken in einem 3-Punkt-Biege-Zugversuch ermittelt. Es ist bekannt, dass bei der Ermittlung der Biegezugfestigkeit der Maßstabseffekt deutlich ausgeprägt ist. Probekörper mit geringer Querschnittshöhe weisen im Allgemeinen eine höhere Biegezugfestigkeit auf als Probekörper mit größerer Querschnittshöhe [151]. Dieser Effekt wurde auch in [123] festgestellt. Durch die Zugabe von 2,5 Vol.-% Stahlfasern konnten in [123] an bei 90 °C wärmebehandeltem UHPC sogar Bruchenergien in der Höhe von rund 19000 N/m ermittelt werden.

2.10 Ableitung der eigenen Forschungsziele vom Stand der Technik

Die Zusammensetzung von UHPC und die Einflüsse der verwendeten Komponenten auf die Frisch- und Festbetoneigenschaften wurden in den letzten Jahren intensiv untersucht. Vieles ist bereits bekannt, trotzdem bzw. gerade deshalb, werden immer noch Ansätze zur weiteren Optimierung gefunden. Die Entwicklungen neuer Werkstoffe, die auch in oder mit UHPC eingesetzt werden können, ergeben laufend einen neuen

Forschungsbedarf, um zur gezielten Beeinflussung bestimmter Eigenschaften des Betons genutzt werden zu können.

Es ist bekannt, dass der Mischprozess die Eigenschaften von UHPC stark beeinflussen kann. In zahlreichen Arbeiten wurden dazu Untersuchungen durchgeführt und Erkenntnisse aufgezeigt, so dass es heute möglich ist, UHPC zielsicher, reproduzierbar und wirtschaftlich zu mischen. Es herrscht große Übereinstimmung in der Meinung, dass mit dem beschriebenen Intensiv-Mischprinzip aus heutiger Sicht UHPC bestmöglich aufbereitet werden kann.

Das Studium der Literatur im Hinblick auf den Vakuummischprozess hat ergeben, dass diesbezüglich kaum weitergehende Experimente durchgeführt wurden. Was zum Zeitpunkt des Beginns der Untersuchungen zu dieser Arbeit über das Vakuummischen bekannt war, lässt in den folgenden Punkten zusammenfassen:

- Durch Anlegen eines Unterdruckes in der letzten Mischminute kann bereits während des Mischens der Luftgehalt des Frischbetons auf unter 1 Vol.-% reduziert werden. Dadurch wird die notwendige Verdichtung bzw. Entlüftung weitgehend von der Konsistenz und der Einbaumethode des Betons unabhängig.

- Die Rohdichte des Betons nimmt zu, weil so gut wie keine Verdichtungsporen im Gefüge vorhanden sind. Dadurch steigt auch die Druckfestigkeit an. *Schachinger* gibt an, dass sich bei seinen Versuchen die Druckfestigkeit durch das Mischen unter Vakuum von 150 MPa auf 230 MPa erhöht hat. Prozentuell ausgedrückt, entspricht das einer Festigkeitssteigerung von 53 %.

- Durch die Verwendung von Fasern in der Mischung wird zusätzlich Luft eingebracht, die jedoch durch den Vakuummischprozess wieder entfernt bzw. reduziert werden kann, was bis jetzt nur an Stahlfasern und PP-Fasern untersucht wurde.

- Der Vakuummischprozess wurde bereits in mehreren Arbeiten angewendet, aber seine Einflüsse auf andere Eigenschaften als Luftgehalt und Druckfestigkeit des Betons, wurden kaum untersucht.

- Sogar Pumpversuche mit vakuumgemischten UHPC wurden bereits durchgeführt. Dabei konnte festgestellt werden, dass der Pumpvorgang die Eigenschaften eines vakuumgemischten UHPCs noch weiter verbessert hat, weil durch das Pumpen der Luftgehalt des Betons weiter verringert wurde.

Das Ziel der eigenen Forschungsarbeit war es, den Vakuummischprozess an sich näher zu untersuchen. Es ist anzunehmen, dass etwa die Wahl des Mischwerkzeuges beim Vakuummischprozess ähnliche Auswirkungen auf den Beton hat, wie es schon vom „normalen" Mischprozess bekannt ist. Darüber hinaus werden die Einflüsse der Höhe des Unterdruckes und die Dauer der Entlüftungsphase im Hinblick auf die Verringerung des Luftgehaltes des Frischbetons untersucht. Das ist im Zusammenhang mit einer im Allgemeinen angestrebten kurzen Gesamtmischdauer von Bedeutung.

Es werden neben Mischungen ohne Fasern auch Fasermischungen untersucht, die nicht nur unterschiedliche Mengen von Stahl- und PP-Fasern beinhalten, sondern auch Glas-, Basalt- und PVA-Fasern sowie Carbon-Nanotubes. Dabei soll geklärt werden, wie hoch der zusätzliche Lufteintrag durch unterschiedliche Fasern ist und ob der Vakuummischprozess die Wirksamkeit der Fasern beeinflusst.

Da sowohl das Mischen unter Vakuum, als auch eine Nachbehandlung bei höheren Temperaturen die mechanischen Eigenschaften des Betons verändern können, werden vergleichende Untersuchungen durchgeführt, aus denen hervorgehen soll, wie groß die Einflüsse des Vakuummischprozesses, der Wärmenachbehandlung und die kombinierte Anwendung beider Maßnahmen sind. Die Versuchsreihen sind so aufgebaut, dass eine Quantifizierung der Auswirkungen der einzelnen Maßnahmen auf die Festigkeit von UHPC erfolgen und daraus ein Vergleich gezogen werden kann.

Die untersuchten Eigenschaften des Betons erstrecken sich von den Frischbetoneigenschaften (Luftgehalt, Rohdichte, Ausbreitmaß) über mechanische Eigenschaften (Biege- und Spaltzugfestigkeit, Druckfestigkeit und E-Modul) bis hin zu bruchmechanischen Eigenschaften, zur Mikrostruktur und zum Schwinden.

Die Darstellung und Erläuterung der Ergebnisse kann einen Beitrag dazu leisten, abzuschätzen, welche möglichen Auswirkungen die Anwendung des Vakuummischprozesses auf UHPC haben kann. Für die Entscheidung, ob der Vakuummischprozess bei einer spezifischen Aufgabenstellung angewendet werden soll oder nicht, ist die Kenntnis dieser Auswirkungen unumgänglich.

Offenbar zeitgleich und unabhängig von dieser Arbeit wurden auch von *Dils et al.* an der Universität Ghent Untersuchungen zum Einfluss des Vakuummischprozesses auf mechanische Eigenschaften und die Mikrostruktur von UHPC durchgeführt. Dazu sind aktuell bereits Ergebnisse veröffentlicht [108], [157], [158]. Die Motivation und die Zielsetzung sind offenbar die Gleichen und die Untersuchungen sind ähnlich wie in dieser Arbeit. Die bereits veröffentlichten Untersuchungen gehen aber nicht soweit und sind nicht so umfangreich, wie jene in dieser Arbeit. Es lassen sich daher nur bedingt Vergleiche mit dieser Arbeit ziehen.

Dass sich in letzter Zeit auch andere Forscher näher mit dem Vakuummischprozess beschäftigen, zeigt das steigende Interesse an der Anwendung des Vakuummischprozesses und den noch erforderlichen Forschungsbedarf.

3 Versuchseinrichtungen und Versuchsdurchführung

In diesem Abschnitt werden die für die Versuchsdurchführung verwendeten Maschinen und Geräte sowie die Prüf- und Messapparaturen dargestellt und beschrieben, sowie die Versuchsdurchführung erläutert.

3.1 Herstellung des Frischbetons

Alle Mischungen in dieser Arbeit wurden mit dem Intensivmischer R02 Vac der Firma Eirich hergestellt (Abbildung 40). Es handelt sich dabei um einen Labormischer für Forschung und Entwicklung.

Abbildung 40: Intensivmischer Eirich R02 Vac (rechts) mit Vakuumperipherie (links)

Das Fassungsvermögen des Mischbehälters beträgt (produktabhängig) 3 bis 5 Liter bzw. maximal 8 kg. Diese Ausführung des Mischers besitzt keine vollautomatische Computer-Steuerung, sondern es werden alle Funktionen manuell bedient. Die Drehzahl für das Mischwerkzeug kann von 70 bis 4535 U/min über einen Frequenzumrichter verstellt werden. Durch Vertauschen der Riemenscheiben von Motor und Wirblerwelle kann der Drehzahlbereich innerhalb der angegebenen Grenzen verändert und innerhalb der Bereiche stufenlos geregelt werden. Die Drehrichtung kann umgekehrt werden. Drehen sich Wirbler und Mischbehälter in die gleiche Richtung, wird das als „Gleichstrommischen" bezeichnet. Beim „Querstrommischen" dreht sich der Wirbler gegensinnig zum

Versuchseinrichtungen und Versuchsdurchführung

Mischbehälter. Die Drehzahl des Mischbehälters kann zwischen 42 (Stufe 1) und 83 (Stufe 2) U/min umgeschaltet werden.

Alle Mischungen für diese Arbeit wurden im „Gleichstrom" gemischt. Der Mischbehälter wurde immer auf Stufe 1 betrieben.

An diesen Mischer ist eine Vakuumpumpe angekoppelt und über einen Saugschlauch mit der Vakuumkammer des Mischers verbunden. Diese entsteht durch Aufsetzen einer ringförmigen Behälterwand um den Mischbehälter. Bei der Vakuumpumpe handelt es sich um eine Flüssigkeitsringpumpe. Diese Pumpenbauart ist sehr robust und unempfindlich, beispielsweise gegen angesaugten Staub aus dem Mischbehälter. Das Funktionsprinzip einer Flüssigkeitsringpumpe ist z. B. in [159] beschrieben. Als Betriebsflüssigkeit wird für diese Pumpe Wasser benötigt. Damit ist, abhängig von der Wassertemperatur, das maximal mögliche Vakuum mit etwa 30 mbar begrenzt.

Die für diese Arbeit verwendeten Mischwerkzeuge, ein Stiftenwirbler und ein Sternwirbler, sind in Abbildung 41 dargestellt.

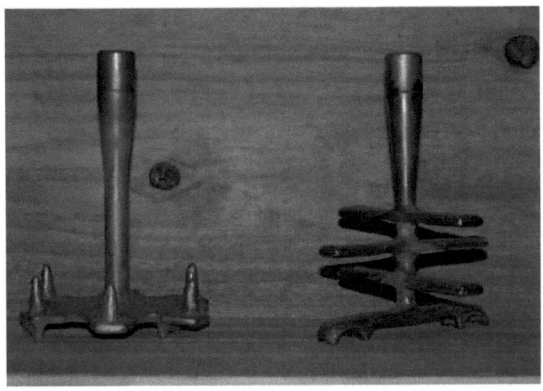

Abbildung 41: Wirbler für den Eirich R02 Vac (links: Stiftenwirbler, rechts: Sternwirbler)

Der Stiftenwirbler besitzt sechs kegelförmige Stifte, die auf einer Grundplatte aufgeschweißt sind. Am Sternwirbler sind vier „Mischflügel" übereinander, jeweils um 90° gedreht, angeordnet. Der Werkzeugdurchmesser (äußere Rotationsbahn) beträgt bei beiden Wirblern 125 mm.

3.2 Prüfung der Frischbetoneigenschaften

3.2.1 Bestimmung des Luftgehalts und der Frischbetonrohdichte

Die Bestimmung des Luftgehalts erfolgte in Anlehnung an ÖNORM EN 12350-7 [160]. Dazu wurde ein Luftporentopf mit einem Fassungsvermögen von 1 l verwendet (Abbildung 42).

Abbildung 42: Luftporentopf mit einem Fassungsvermögen von 1 l

Je nach Konsistenz des Frischbetons wurde entweder für 30 s gerüttelt oder aber auf das Rütteln verzichtet. Die Angaben darüber sind an geeigneter Stelle, bei der Beschreibung der einzelnen Versuchsreihen, angeführt.

Die Frischbetonrohdichte wurde mit dem exakt 1 l fassenden Unterteil des Luftporentopfes bestimmt.

3.2.2 Ausbreitmaß bzw. Ausbreitfließmaß

Das Ausbreitmaß bzw. das Ausbreitfließmaß sind wesentliche Kenngrößen für die Konsistenz und somit auch für die Verarbeitbarkeit des Frischbetons.

Das Ausbreitmaß wurde mit dem Setztrichter und Schocken auf einem Hägermann-Tisch mit einer Glasplatte ermittelt. Der Setztrichter und der Ausbreittisch entsprechen der ÖNORM EN 459-2 [161].

Versuchseinrichtungen und Versuchsdurchführung

Die Bestimmung des Ausbreitfließmaßes erfolgte mit dem Setztrichter auf der matt-feuchten Edelstahloberfläche eines Labortisches (vgl. Abbildung 43).

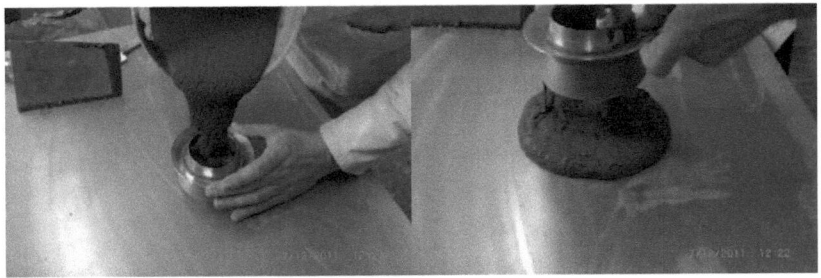

Abbildung 43: Bestimmung des Fließmaßes mit dem Setztrichter

3.3 Prüfung der mechanischen Eigenschaften

3.3.1 Biegezugfestigkeit

Die Biegezugfestigkeit wurde in Anlehnung an ÖNORM EN 196-1 [162] immer an Prismen mit den Abmessungen 40x40x160 mm in einem 3-Punkt-Biegeversuch und mit einer Belastungsgeschwindigkeit von 50 N/s ermittelt. Die Stützweite betrug bei mittiger Lasteinleitung immer 100 mm.

Für die Versuchsreihe in Abschnitt 4.5 wurde die Biegezugfestigkeit in einem 4-Punkt-Biegeversuch ermittelt. Dabei betrug die Stützweite 120 mm und die Lasteinleitung erfolgte in den Drittelpunkten. Die Lastaufbringung erfolgte weggeregelt mit einer Geschwindigkeit von 0,4 mm/min.

Die Biegeversuche wurden mit einer Universalprüfmaschine vom Typ Zwick Z250 (max. Prüflast 250 kN) durchgeführt.

3.3.2 Spaltzugfestigkeit

Die Spaltzugfestigkeit wurde in Anlehnung an ÖNORM EN 12390-6 [163] an Prismenhälften aus dem Biegezugversuch bestimmt. Die Hälften wurden auf einer Steintrennsäge abgelängt, sodass eine genaue Bestimmung der Länge möglich war. Als Zwischenstreifen wurden Hartfaserstreifen mit

Versuchseinrichtungen und Versuchsdurchführung

einer Breite von 8 mm und einer Dicke von 4 mm verwendet.
Die Belastungsgeschwindigkeit (Laststeigerung) wurde nach Gleichung (20) ermittelt:

$$R = \frac{s \cdot \pi \cdot L \cdot d}{2} \qquad (20)$$

mit:

R Laststeigerung [N/s]
s Belastungsgeschwindigkeit, wenn nicht anders angegeben 0,05 MPa/s
L Länge der Kontaktlinie des Probekörpers [mm]
d Höhe des Probekörpers [mm]

Die Spaltzugfestigkeit wurde nach Gleichung (21) berechnet:

$$f_{ct,sp} = \frac{2 \cdot F}{\pi \cdot L \cdot d} \qquad (21)$$

mit:

$f_{ct,sp}$ Spaltzugfestigkeit [MPa]
F Höchstlast [N]
L Länge der Kontaktlinie des Probekörpers [mm]
d Höhe des Probekörpers [mm]

3.3.3 Druckfestigkeit

Die Prüfung der Druckfestigkeit erfolgte in Anlehnung an die ÖNORM EN 196-1 [162] an Prismenhälften aus dem Biegezugversuch unter Verwendung von Druckplatten mit den Abmessungen 40x62,5 mm oder 40x40 mm. Die Belastungsgeschwindigkeit variierte je nach Versuchsreihe und wird daher an den entsprechenden Stellen angeben.

Die Druckfestigkeit wurde mit einer Prüfmaschine vom Typ Toni Technik 2040 (max. Prüflast 3000 kN) ermittelt. Diese Maschine wurde ebenfalls zur Bestimmung der Spaltzugfestigkeit und des statischen E-Moduls verwendet.

Versuchseinrichtungen und Versuchsdurchführung

3.3.4 Statischer E-Modul

Die Bestimmung des statischen Elastizitätsmoduls erfolgte in Anlehnung an die ONR 23303 [164]. Es sind dabei drei Vorlastzyklen vorgesehen und die Messung des E-Moduls erfolgt dann im vierten Belastungszyklus. Da die Belastungsgeschwindigkeiten sowie die Haltezeiten während der Zyklen auf Normalbeton abgestimmt sind, wurden für den UHPC höhere Belastungsgeschwindigkeiten und kürzere Haltezeiten gewählt. Die zyklische Belastung wurde demnach kraftgeregelt mit einer Laststeigerung von 3 MPa/s aufgebracht. Die untere Lastgrenze betrug 6 MPa und die obere 60 MPa. Innerhalb dieses Bereiches wurde die Dehnung mit einem Setzdehnungsaufnehmer (Messlänge 80 mm) gemessen und daraus der E-Modul berechnet. Die Haltezeiten vor jedem Belastungs- bzw. Entlastungszyklus betrug 20 s. Die Messung erfolgte an Prismen stehend mit den Abmessungen 40x40x160 mm (Abbildung 44).

Abbildung 44: Messung des E-Moduls
(Druckprüfmaschine und eingebautes Prisma mit Ansatz-Wegaufnehmer)

Alle Probeprismen wurden an den Stirnflächen geschliffen, um planparallele Druckflächen zu gewährleisten.

3.3.5 Bestimmung des Schwindens und des Quellens

Die Messung der Längenänderung erfolgte in Anlehnung an die ÖNORM EN 12617-4 [165] bzw. die ONR 23303 [164]. Darin wird ein Verfahren zur Messung der unbehinderten, freien Längenänderung (Quellen und Schwinden) von prismatischen Mörtelproben mit den Maßen 40x40x160 mm zufolge des Eintauchens in Wasser oder zufolge der

Trocknungsbedingungen beschrieben. Dazu werden Messzapfen auf die Stirnflächen des Primas aufgeklebt, um eine exakte Längenmessung mit einem Schwindmessgerät zu ermöglichen (Abbildung 45).

Die Lagerungsbedingungen der Probekörper zwischen den Messungen werden bei der Versuchsbeschreibung angegeben.

Abbildung 45: Schwindmessgerät mit eingebautem Prisma

3.3.6 Bestimmung bruchmechanischer Kenngrößen - Keilspaltmethode

Die Keilspaltmethode ist ein Verfahren zur Ermittlung bruchmechanischer Kennwerte von Baustoffen, Baustoffverbindungen und Verbundwerkstoffen.

Nach Einschneiden einer Starterkerbe in den Probekörper werden die dadurch entstandenen Schnittufer durch eine reibungsarme Keil-Belastungseinrichtung auseinandergedrückt und so das Vor- und Nachbruchverhalten bestimmt. Eine spezielle Prüfvorrichtung zur Durchführung des Keilspaltversuchs wurde von *Tschegg* entwickelt und patentiert [166] und in ÖNORM B 3592 [167] normiert.

Bei der Versuchsdurchführung wird die Belastungsgeschwindigkeit über die gesamte Versuchsdauer konstant gehalten und das Vor- und Nachbruchlastverhalten in Form einer Last-Verschiebungskurve (Abbildung 46) aufgezeichnet. Der Versuch wird in der Regel bis zum vollständigen Aufspalten der Probe durchgeführt. Der Rissverlauf darf maximal 12,5° von der Vertikalen, gemessen von der Starterkerbe, abweichen. Die Belastungsgeschwindigkeit betrug für die Versuche in dieser Arbeit 3 mm/min.

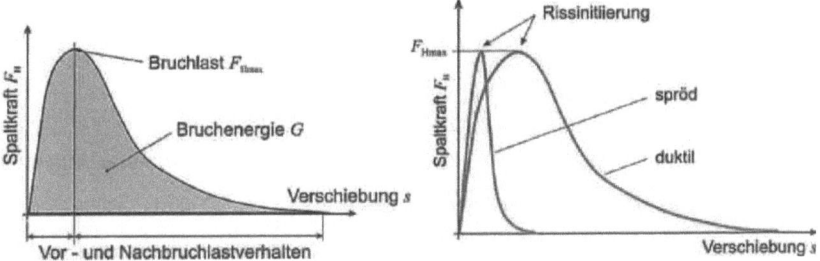

Abbildung 46: Kenngrößen einer Last-Verschiebungskurve (links), Last-Verschiebungskurve für spröde und duktile Baustoffe (rechts) [167]

Abbildung 47 stellt eine Systemskizze mit allen relevanten Bezeichnungen und Abmessungen dar. Die Bruchfläche wird als Ligamentfläche bezeichnet. Die für diese Arbeit hergestellten Probekörper wiesen eine Grundfläche von 100 x 100 mm und eine Höhe bis zur Starterkerbe von 80 mm auf. Die planmäßige Größe der Ligamentfläche betrug daher 8000 mm².

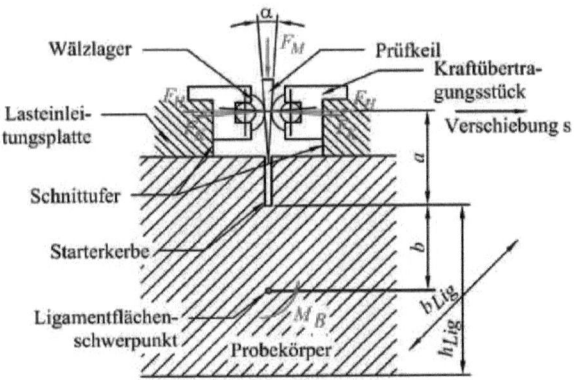

Abbildung 47: Systemskizze Probekörper und Kräfte [167]

In Abbildung 47 bedeutet:

F_M Last [N]
α Keilwinkel [°]
F_H Horizontalkraft [N]
F_K Keilkraft [N]
s horizontale Verschiebung auf Höhe der Lasteinleitung [m]
h_{Lig} Höhe der Ligamentfläche [mm]
b_{Lig} Breite der Ligamentfläche [mm]
A_{Lig} Ligamentfläche (projizierte Fläche) [mm²]
M_B Biegemoment [Nmm]
$a+b$ Normalabstand zwischen Schwerpunkt der Ligamentfläche und Krafteinleitung   [mm]
a Abstand Kontaktpunkt Keil mit Rollenlager und Grund der Starterkerbe [mm]
b Schwerpunktabstand Ligamentfläche [mm]

Die Ligamentfläche A_{Lig} wird mit Gleichung (22) aus der Ligamenthöhe h_{Lig} und der Ligamentbreite b_{Lig} berechnet.

$$A_{Lig} = h_{Lig} \cdot b_{Lig} \tag{22}$$

Die Horizontalkraft F_H wird mit Gleichung (23) aus der Last F_M und dem Keilwinkel α berechnet.

$$F_H = \frac{F_M}{2 \cdot \tan\left(\frac{\alpha}{2}\right)} \tag{23}$$

Das Biegemoment M_B wird mit Gleichung (24) aus der Horizontalkraft F_H und dem Normalabstand zwischen dem Schwerpunkt der Ligamentfläche und der Krafteinleitung $a+b$ berechnet.

$$M_B = F_H \cdot (a+b) \tag{24}$$

Als Auswertung des Versuchs erfolgt die Berechnung von drei charakteristischen Kenngrößen.

Versuchseinrichtungen und Versuchsdurchführung

Nach Gleichung (25) errechnet sich die Kerbzugfestigkeit zu

$$\sigma_{KZ} = \frac{F_{H,\max}}{A_{Lig}} + \frac{M_B}{W_y} \qquad (25)$$

mit:
σ_{KZ} Kerbzugfestigkeit [MPa]
$F_{H,max}$ maximale Horizontalkraft [N]
A_{Lig} Ligamentfläche [mm²]
M_B Biegemoment [Nmm]
W_y axiales Widerstandsmoment der Ligamentfläche [mm³]

Die spezifische Bruchenergie, als von Form und Größe des Probekörpers unabhängiges Maß für den Widerstand gegen Rissausbreitung, errechnet sich nach Gleichung (26).

$$G_F = \frac{1}{A_{Lig}} \cdot \int_0^{s_{\max}} F_H \cdot ds \qquad (26)$$

mit:
G_F spezifische Bruchenergie [J/m²] bzw. [N/m]
A_{Lig} Ligamentfläche [m²]
s_{max} maximale horizontale Verschiebung der Schnittufer, in [m] gemessen in Höhe der Krafteinleitung (gemäß Abbildung 48)
F_H Horizontalkraft [N]

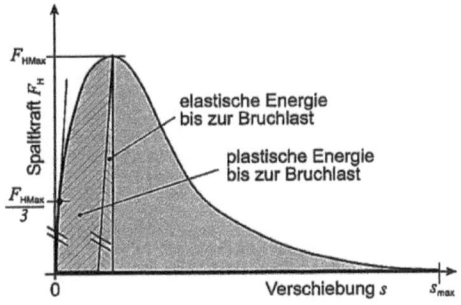

Abbildung 48: Elastische und plastische Anteile [163]

An homogenen Werkstoffen kann bei bekanntem Elastizitätsmodul die

Versuchseinrichtungen und Versuchsdurchführung

charakteristische Länge l_{ch} nach Gleichung (27) berechnet werden.

$$l_{ch} = \frac{G_F \cdot E}{\sigma_{KZ}^2} \tag{27}$$

mit:
- l_{ch} charakteristische Länge [m]
- E Elastizitätsmodul [N/m²]
- σ_{KZ} Kerbzugfestigkeit [N/m²]

Die charakteristische Länge ist ein Maß für die Sprödigkeit eines Werkstoffes. Ist l_{ch} klein, so deutet das auf einen spröden Werkstoff hin. Je größer l_{ch} ist, desto duktiler ist der Werkstoff.

3.4 Untersuchung zur Mikrostruktur mit dem Quecksilberporosimeter

Im Jahre 1945 wurde von *Ritter* und *Drake* eine Methode zur Bestimmung der Porengrößenverteilung in porösen Feststoffen mit Hilfe der Quecksilber-Intrusion vorgestellt [168], [169]. Dieses Verfahren beruht auf dem Verhalten nichtbenetzender Flüssigkeiten in Kapillaren. Eine Flüssigkeit ist nichtbenetzend, wenn der Kontaktwinkel der Flüssigkeit mit dem Feststoff 90° überschreitet. Eine derartige Flüssigkeit kann wegen der Oberflächenspannung nicht spontan in die Poren eines Feststoffes eindringen. Dieser Widerstand kann jedoch durch das Aufbringen eines äußeren Druckes überwunden werden. Der benötigte Druck hängt von der Porengröße ab. Unter der Annahme zylindrischer Poren kann die Beziehung zwischen Porengröße und angewendetem Druck durch Gleichung (28) ausgedrückt werden:

$$p \cdot r = -2 \cdot \gamma \cdot \cos(\Theta) \tag{28}$$

mit:
- p angewendeter Absolutdruck [Pa]
- r Porenradius [m]
- γ Benetzungswinkel [°]
- Θ Oberflächenspannung des Quecksilbers [Nm⁻¹]

Diese Gleichung (28) wurde 1921 von *Washburn* aufgestellt und ist

Versuchseinrichtungen und Versuchsdurchführung

deshalb allgemein unter der Bezeichnung *Washburn*-Gleichung bekannt [170], [171]. Mit ihr kann aus dem Messergebnis, das als Kurve des intrudierten Quecksilbervolumens über den aufgebrachten Druck vorliegt, die Porengrößenverteilung berechnet werden. Relevante Normen zur Quecksilberporosimetrie sind die ISO 15901-1 [172] und die DIN 66133 [173].

Neben der Porengrößenverteilung lassen sich noch weitere Untersuchungen mit einem Quecksilberporosimeter durchführen.

Nach *Rootare* und *Prenzlow* lässt sich die spezifische Oberfläche des Porenraumes berechnen [174]. Dabei handelt sich um eine porenmodellunabhängige Methode, aus den Porosimetriedaten spezifische Oberflächen zu bestimmen.

Da auch Hohlräume zwischen Pulverpartikeln als Porenraum angesehen werden können, lässt sich die Partikelgrößenverteilung von Pulvern mit dem Quecksilberporosimeter bestimmen. Ein entsprechendes Modell wurde von Mayer und Stowe vorgestellt [175].

Da der Frostwiderstand und die Porengrößenverteilung zusammenhängen, wurde von *Maage* eine Methode entwickelt, aus den gewonnen Porosimetriedaten einen Frostwiderstandswert zu berechnen [176].

Bei der Bestimmung der Porengrößenverteilung kommt der Probenvorbereitung eine besondere Bedeutung zu. Einerseits soll die Probe möglichst wasserfrei sein, um die Poren dem Quecksilber zugänglich zu machen, andererseits ändert sich dadurch das Gefüge des Zementsteins. *Adolphs* stellt in [177] fest, dass Änderungen der Luftfeuchte in der Regel starke nichtlineare Gefügeänderungen bewirken. Er kommt zu dem Schluss, dass die Porengrößenbestimmung an einem wie auch immer getrockneten Zementstein nicht die Realität darstellt. In diesem Zusammenhang ist auch zu beachten, dass sich der Kontaktwinkel des Quecksilbers in Abhängigkeit der Probenfeuchte ebenfalls ändert [178]. Erfolgt die Trocknung bei höheren Temperaturen, kommt es zu einer weiteren Veränderung des Gefüges [179].

Es sollten daher unbedingt die Trocknungsbedingungen der Proben beachtet werden, wenn Ergebnisse von Porositätsmessungen verglichen werden.

Für diese Arbeit erfolgte die Trocknung der Proben bis zur Massenkonstanz über Silikagel bei einer Raumtemperatur von 23 °C in einem Exsikkator, in dem der Druck mit einer Hochleistungs-Vakuumpumpe auf 3×10^{-3} mbar reduziert wurde. Für die Untersuchungen kam das Porosimeter Pascal 140/440 der Firma Thermo Fischer Scientific zum Einsatz. Der maximal aufbringbare Druck betrug 400 MPa, und es konnten damit Porenradien zwischen 1,8 nm und 58 µm erfasst werden [180].

4 Experimentelle Untersuchungen

4.1 Bezeichnungen und Farbcode

In diesem Kapitel werden eigene Versuche und deren Ergebnisse dargestellt. Dabei kommen immer wieder Abkürzungen für Mischungs- und Probekörperbezeichnungen vor. Diese Abkürzungen werden laufend im Text und in den Abbildungen erläutert, eine erste Übersicht ist in Tabelle 2 angegeben.

Tabelle 2: Abkürzungen für Mischungs- und Probekörperbezeichnungen und deren Bedeutung

Abkürzung	Bedeutung
oV	ohne Vakuum
mV	mit Vakuum
Vac	Vakuum
F	Fasern
oF	ohne Fasern
mF	mit Fasern
GF	Glasfasern
BF	Basaltfasern
PVA	Polyvinylalkoholfasern
PP	Polypropylenfasern
SF	Stahlfasern
CNT	Carbonnanotubes
NB	Nachbehandlung
S	Lagerung in der Schalung
NL	Normlagerung
W20	Wasserlagerung bei 20 °C
W90	Heißwasserlagerung bei 90 °C
L20	Luftlagerung bei 20 °C
L90	Heißluftlagerung bei 90 °C
L250	Heißluftlagerung bei 250 °C
W90L250	kombinierte 90 °C-Heißwasser-/250 °C-Heißluftlagerung

Die farbliche Gestaltung ist in allen Abbildungen der verschiedenen Versuchsreihen durchgehend gleich. Die Farben und deren Bedeutung wird immer angegeben, in Tabelle 3 sind sie als Übersicht zusammengefasst.

Tabelle 3: Verwendete Farben und deren Bedeutung

Farbe	Unterscheidungsmerkmal
	7 Tage W20 oV
	28 Tage W20 oV
	56 Tage W20 oV
	alle Mittel W20 +W20 oV + NL oV
	7 Tage W20 mV
	28 Tage W20 mV
	56 Tage W20 mV
	alle Mittel W20 mv + NL mV
	7 Tage W90 oV
	28 Tage W90 oV
	56 Tage W90 oV
	alle Mittel W90 +W90 oV
	7 Tage W90 mV
	28 Tage W90 mV
	56 Tage W90 mV
	alle Mittel W90 mV
	Stiftenwirbler
	Stiftenwirbler
	Stiftenwirbler
	Stiftenwirbler
	Sternwirbler
	Sternwirbler
	Sternwirbler
	Sternwirbler
	Steigerung durch NB/F
	Steigerung durch Vac
	Steigerung durch Vac + NB/F
	L20 oV
	L20 mV
	L90 oV
	L90 mV
	L250 oV
	L250 mV
	W90L250 oV
	W90L250 mV

4.2 Mischwerkzeug, Entlüftungsdauer und Höhe des Unterdruckes

In diesem Teil der Arbeit soll unter anderem festgestellt werden, welchen Einfluss die Verwendung unterschiedlicher Mischwerkzeuge (Wirbler) auf die Frisch- und Festbetoneigenschaften, speziell im Hinblick auf die Entlüftungsphase des Mischprozesses, hat. Aus der festgelegten Mischungszusammensetzung wurden daher immer Mischungen mit dem Stiften- und dem Sternwirbler hergestellt, und deren Eigenschaften im Hinblick auf den Einfluss des jeweils verwendeten Mischwerkzeuges untersucht. Weitere Variablen waren die Höhe des Unterdruckes und die Dauer der Entlüftungsphase.

4.2.1 Mischungsentwurf und Versuchsplanung

Die Zusammensetzung des Betons für diese Versuchsreihe ist in Tabelle 4 angeben. Der Beton sollte eine plastische Konsistenz und somit einen relativ hohen Luftgehalt aufweisen, um die Leistungsfähigkeit des Entlüftens und die Differenz der beiden Wirbler klarer hervortreten zu lassen. Das Sandvolumen wurde deshalb mit 462,5 l sehr hoch angesetzt und die Leimmenge durch einen nur geringen Anteil an Quarzmehl niedrig gehalten. Auf die Verwendung eines Entlüfters bzw. Entschäumers wurde ebenfalls verzichtet.

Tabelle 4: Mischungszusammensetzung für 1 m³ Beton

Ausgangsstoffe	Masse [kg/m³]
Portlandzement CEM I 42,5 R C$_3$A-frei (CEM)	700,00
Mikrosilika (MS)	140,00
Quarzmehl 16900 (QM)	64,50
Quarzsand 0-1 (QS)	258,00
Quarzsand 0,06-1 (QS)	968,00
Fließmittel auf PCE-Basis (FM)	40,00
Wasser inkl. flüssiger FM-Anteil	177,50
Wasserzementwert w/z	0,25
Wasserbindemittelwert w/b (k-Wert für MS = 1)	0,21
Volumenverhältnis Wasser/Feinteile V_W/V_F	0,57

Die Mischreihenfolge und die Dauer der einzelnen Mischphasen, sowie die Mischwerkzeuggeschwindigkeiten sind in Tabelle 5 zusammengefasst. Der Mischvorgang begann mit einer Homogenisierungsphase der Feinteile. Nach der Zugabe des Sandes wurden alle trockenen Bestandteile gemischt. Nach der Zugabe des Wassers mit der halben Menge des Fließmittels erfolgte die erste Intensivmischphase.

Die Wirblergeschwindigkeit wurde verhältnismäßig niedrig gewählt, damit es bei diesem sehr steif-plastischen Beton nicht zu einem unerwünscht hohen Temperaturanstieg in der Mischung kam. Vorversuche zeigten, dass bei höheren Werkzeuggeschwindigkeiten die Frischbetontemperatur auf bis zu 37 °C anstieg. Das ist genau die Temperatur, die bei einer Entlüftung mit 60 mbar bereits zum Verdampfen von Wasser aus der Mischung führt.

Danach wurde das restliche Fließmittel zugegeben, und es folgte eine weitere Intensivmischphase.

Abschließend erfolgte die Entlüftungsphase, wobei die Höhe des Druckes [500 mbar, 200 mbar, 60 mbar] und die Dauer der Entlüftungsphase [2 min, 3 min, 4 min] variiert wurden. Da die Gesamtmischdauer je nach Länge der Entlüftungsphase variierte, wurde für die Referenzmischung (ohne Entlüftungsphase) stattdessen eine Nachmischphase von zwei Minuten mit der gleichen Werkzeuggeschwindigkeit wie bei der Entlüftungsphase der Vakuummischungen angesetzt, um einem unerwünschten Einfluss einer kürzeren Gesamtmischdauer vorzubeugen. In unzähligen Vorversuchen wurde festgestellt, dass etwa zwei Minuten nach der Zugabe des Fließmittels dessen volle Wirkung einsetzte und sich durch Mischen mit einer derart geringen Drehzahl die Eigenschaften der Mischung während der folgenden Minuten kaum veränderten. Dauerte dieses Nachmischen aber zu lange (länger als etwa 10 min), verschlechterten sich die Frischbetoneigenschaften bereits wieder.

Tabelle 5: Reihenfolge der Mischphasen, Dauer der Mischphasen und Werkzeuggeschwindigkeit
(CEM Zement, MS Mikrosilika, QM Quarzmehl, QS Quarzsand, FM Fließmittel)

Mischphase	Dauer [s]	Wirblerdrehzahl [U/min]	Wirblergeschw. [m/s]
Trockenmischen (CEM, MS, QM)	60	250	1,6
Zugabe Sand	40	250	1,6
Trockenmischen	120	250	1,6
Zugabe Wasser mit ½ -FM	40	250	1,6
Intensivmischen	90	500	3,3
Zugabe restl. FM	40	500	3,3
Intensivmischen	120	500	3,3
Entlüften [500, 200, 60 mbar] bzw. Nachmischphase [1]	120	250	1,6
	180		
	240		
Gesamtmischdauer [2]	610	-	
	810		
	1050		

[1] 120 s für alle Mischungen ohne Entlüften
[2] in Abhängigkeit der Dauer der Entlüftungs- bzw. Nachmischphase
- keine Angabe möglich

Unmittelbar nach dem Entleeren des Mischers erfolgten die Frischbetonprüfungen und im Anschluss daran die Herstellung der Probekörper. Der Frischbeton wurde in Prismenschalungen gefüllt, ca. 30 s auf einem Rütteltisch verdichtet und mit einer Folie abgedeckt. Am nächsten Tag wurden die Prismen ausgeschalt, wieder mit Folie abgedeckt und bis zur Festbetonprüfung im Labor gelagert. Um alle Kombinationen aus Mischwerkzeug, Höhe des Unterdruckes und Dauer der Entlüftungsphase zu untersuchen, mussten 60 verschiedene Mischungen hergestellt werden. Aus jeder Mischung wurden drei Prismen mit den Abmessungen 40x40x160 mm hergestellt. Insgesamt standen daher 180 Probekörper für die Festbetonprüfungen zur Verfügung.

Experimentelle Untersuchungen

4.2.2 Frischbetonprüfung

Der Luftgehalt und die Frischbetonrohdichte wurde mit einem Luftporentopf mit 1 l Inhalt bestimmt (vgl. Abschnitt 3.2.1). Der Frischbeton im Unterteil des Topfes wurde ca. 30 s auf einem Rütteltisch verdichtet. Der Luftgehalt der Mischungen, die mit dem Sternwirbler hergestellt wurden, ist in Abbildung 49 und jener der mit dem Stiftenwirbler hergestellten in Abbildung 50 dargestellt. Beide Abbildungen zeigen eine Abnahme des Luftgehalts bei geringer werdendem Druck. Während bei den mit dem Sternwirbler erzeugten Mischungen die Luftgehalte bei einer längeren Entlüftungsdauer generell etwas abnahmen, zeigten sie bei der Verwendung des Stiftenwirblers teilweise ein gegenläufiges Verhalten: Der Luftgehalt nahm bei einem Unterdruck von 500 mbar und 60 mbar und einer Entlüftungsdauer von vier Minuten wieder etwas zu.

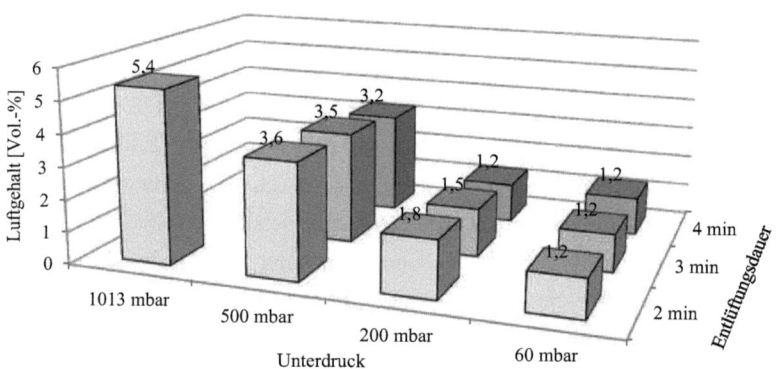

Abbildung 49: Übersicht über den Luftgehalt aller Mischungen (Sternwirbler)

Eine längere Entlüftungsdauer als zwei Minuten erschien deshalb nur bei der Verwendung des Sternwirblers bei einem Unterdruck von 200 bzw. 500 mbar als sinnvoll.

Experimentelle Untersuchungen

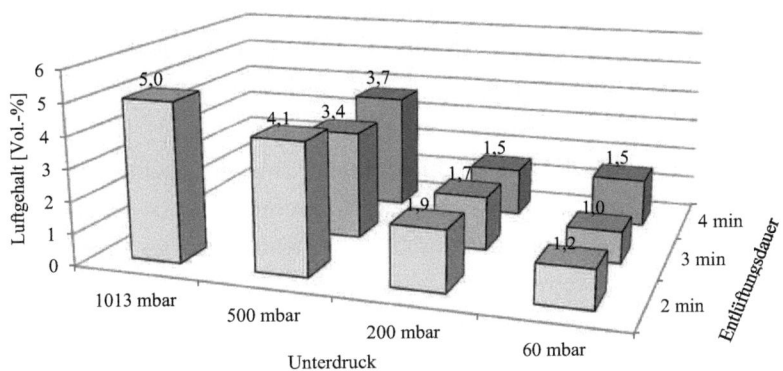

Abbildung 50: Übersicht über den Luftgehalt aller Mischungen (Stiftenwirbler)

In Abbildung 51 ist der Luftgehalt der Mischungen bei den jeweiligen Unterdrücken dargestellt. Bei Atmosphärendruck von 1013 mbar lag der mittlere Luftgehalt von 5,4 % der mit dem Sternwirbler hergestellten Mischungen über jenem von 5,0 % der mit dem Stiftenwirbler gemischten. Bei einem Druck von 500 bzw. 200 mbar war es genau umgekehrt: Der Luftgehalt der Mischungen, die mit dem Stiftenwirbler hergestellt wurden, wiesen hier einen höheren Luftgehalt auf.

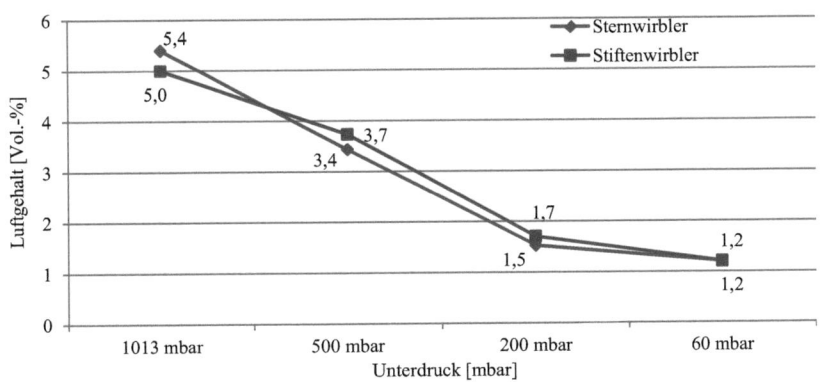

Abbildung 51: Vergleich des Luftgehalts als Mittelwert aller Mischungen der drei unterschiedlichen Entlüftungsdauern hergestellt mit dem Sternwirbler und dem Stiftenwirbler

Mit abnehmendem Druck während des Mischens glichen sich die

Luftgehalte der mit den unterschiedlichen Wirblern hergestellten Mischungen immer mehr. Bei einem Unterdruck von 60 mbar waren die mittleren Luftgehalte der Mischungen mit 1,2 Vol.-% gleich, und es zeigte sich kein Einfluss der Wirbler.

Bei einem Unterdruck von 60 mbar konnte immer, unabhängig vom verwendeten Mischwerkzeug, die beste Entlüftungswirkung erreicht werden. Der Luftgehalt des Frischbetons wurde so im Mittel um beachtliche 75-80 % verringert.

In Abbildung 52 ist der Zusammenhang zwischen Luftgehalt und Frischbetonrohdichte aller Mischungen dargestellt. Die Frischbetonrohdichte nahm mit steigendem Luftgehalt ab. Das Bestimmtheitsmaß R^2 der Ausgleichsgeraden in Abbildung 52 lässt erkennen, dass die Korrelation von Luftgehalt und Rohdichte bei den Mischungen, die mit dem Stiftenwirbler hergestellt wurden, etwas besser ist als bei den Mischungen, die mit dem Sternwirbler hergestellt wurden.

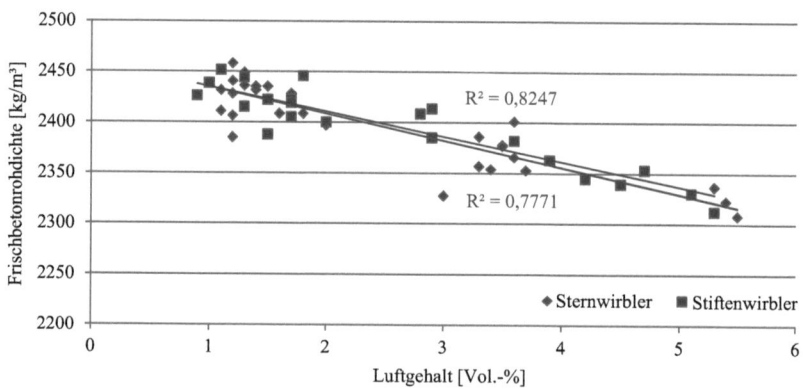

Abbildung 52: Zusammenhang zwischen Luftgehalt und Frischbetonrohdichte (R^2 Bestimmtheitsmaß der Ausgleichsgeraden)

Die Reduktion des Luftgehalts und die damit verbundene Steigerung der Rohdichte ist in Abbildung 53 deutlich zu erkennen. Links im Bild sind die Bruchflächen eines Betons, hergestellt mit dem Stiftenwirbler ohne Entlüften, zu sehen. Das Gefüge ist durch eine Menge großer

Verdichtungsporen gestört. Rechts im Bild ist ein Beton mit der gleichen Zusammensetzung zu sehen, der jedoch beim Mischen bei 60 mbar entlüftet wurde. Die Verdichtungsporen konnten so völlig vermieden werden.

Abbildung 53: Bruchflächen zweier Proben hergestellt mit dem Stiftenwirbler
links ohne Vakuum – mit Verdichtungsporen,
rechts entlüftet bei einem Unterdruck von 60 mbar – ohne Verdichtungsporen

Das Ausbreitmaß wurde mit dem Mörtelkonus auf dem Hägermann-Tisch unter 15-maligem Schocken bestimmt (vgl. Abschnitt 3.2.2). Das Ausbreitmaß der Mischungen, die mit dem Sternwirbler hergestellt wurden, ist in Abbildung 54 und jenes der Mischungen hergestellt mit dem Stiftenwirbler, in Abbildung 55 dargestellt. Das Ausbreitmaß nimmt generell mit geringer werdendem Unterdruck ab. Die Entlüftungsdauer hat hingegen nur einen geringen Einfluss auf das Ausbreitmaß, weil auch der Luftgehalt von der Entlüftungsdauer nur wenig beeinflusst wird.

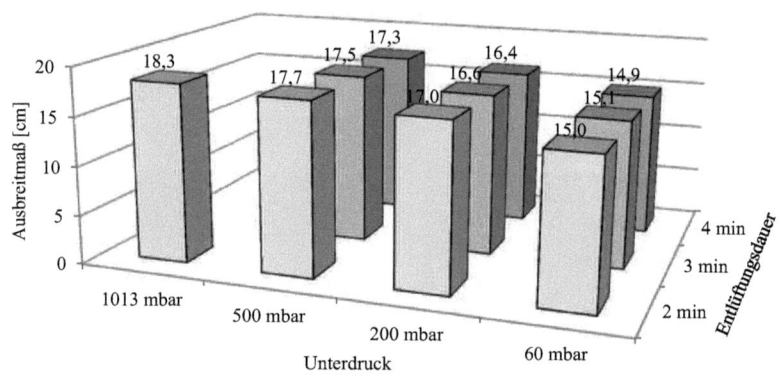

Abbildung 54: Übersicht über das Ausbreitmaß aller Mischungen (Sternwirbler)

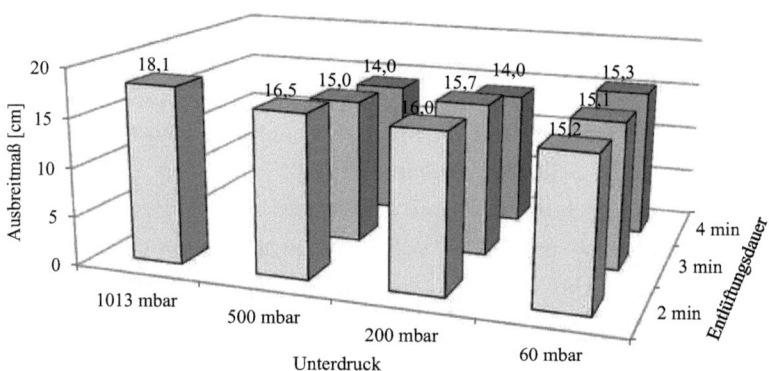

Abbildung 55: Übersicht über das Ausbreitmaß aller Mischungen (Stiftenwirbler)

Eine Verringerung des Ausbreitmaßes als Maß für die Konsistenz des Frischbetons weist auf eine schlechtere Verarbeitbarkeit hin. Das Ausbreitmaß nimmt mit einem geringeren Luftgehalt ab. In Abbildung 56 ist daher der Zusammenhang zwischen Luftgehalt und Ausbreitmaß dargestellt. Offenbar setzen die Luftporen die innere Reibung im Frischbeton herab und führen deshalb zu einem größeren Ausbreitmaß.

Die Mischungen, die mit dem Stiftenwirbler hergestellt wurden, weisen tendenziell ein geringeres Ausbreitmaß bei vergleichbarem Luftgehalt auf als die Mischungen, die mit dem Sternwirbler gemischt wurden. Der Zusammenhang zwischen Luftgehalt und Ausbreitmaß ist bei den Mischungen, die mit dem Sternwirbler hergestellt wurden, deutlicher ausgeprägt als bei den mit dem Stiftenwirbler gemischten, wie das Bestimmtheitsmaß R^2 der Ausgleichsgeraden in Abbildung 56 zeigt.

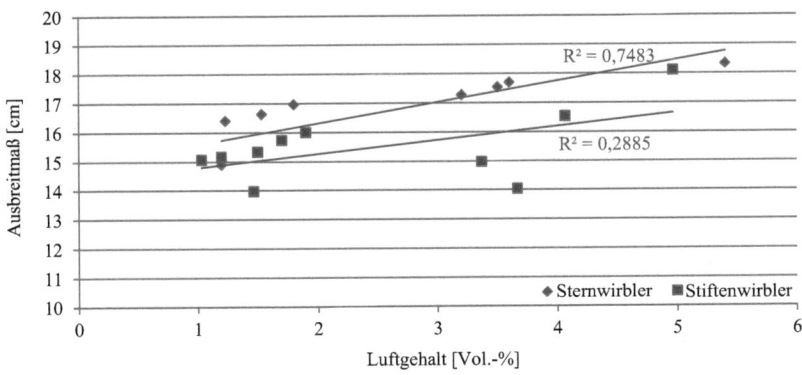

Abbildung 56: Zusammenhang von Luftgehalts und Ausbreitmaß der Mischungen im Vergleich des verwendeten Mischwerkzeuges (Mittelwerte), (R^2 Bestimmtheitsmaß der Ausgleichsgeraden)

4.2.3 Festbetonprüfung

4.2.3.1 Biegezugfestigkeit

Die Prüfung der Biegezugfestigkeit wurde, wie in Abschnitt 3.3.1 beschrieben, mit einer Belastungsgeschwindigkeit von 50 N/s durchgeführt. Die Biegezugfestigkeiten aller Probekörper, die aus den Mischungen mit dem Sternwirbler hergestellt wurden, ist in Abbildung 57 dargestellt, jene der Probekörper, die aus den Mischungen mit dem Stiftenwirbler hergestellt wurden, in Abbildung 58. Die angegebenen Werte sind jeweils die Mittelwerte der Biegezugfestigkeit von drei Probekörpern (Prismen). Der absolut höchste Wert der Biegezugfestigkeit nach 3 Tagen von 11,1 MPa konnte bei Verwendung des Stiftenwirblers bei einem Unterdruck von 60 mbar und einer Entlüftungsdauer von 3 Minuten erreicht werden. Die geringste Biegezugestigkeit nach 3 Tagen von 7,8 MPa erreichte die

Mischung bei Verwendung des Sternwirblers bei einem Unterdruck von 500 mbar und einer Entlüftungsdauer von 4 Minuten. Nach 7 Tagen wies die Mischung, ohne Entlüften gemischt mit dem Sternwirbler, die geringste Festigkeit von 8,7 MPa auf. Die höchste Festigkeit lag hier mit 15,2 MPa bei der Mischung, hergestellt mit dem Stiftenwirbler bei 500 mbar und einer Entlüftungsdauer von 3 Minuten. Nach 28 Tagen erreichte wieder eine Mischung, die mit dem Stiftenwirbler gemischt wurde, die höchste Festigkeit, diesmal mit 17,6 MPa bei 60 mbar und 3 Minuten Unterdruck. Die geringste Biegezugfestigkeit nach 28 Tagen von 14,7 MPa wurde an der Mischung, die mit dem Sternwirbler bei 500 mbar und 2 Minuten Entlüftungsdauer hergestellt wurde, ermittelt. Interessant bei der Betrachtung der Absolutwerte der Biegezugfestigkeiten ist, dass nur einmal eine Mischung ohne Entlüften die jeweils geringste Festigkeit aufwies, sonst waren es immer Mischungen bei Unterdruck.

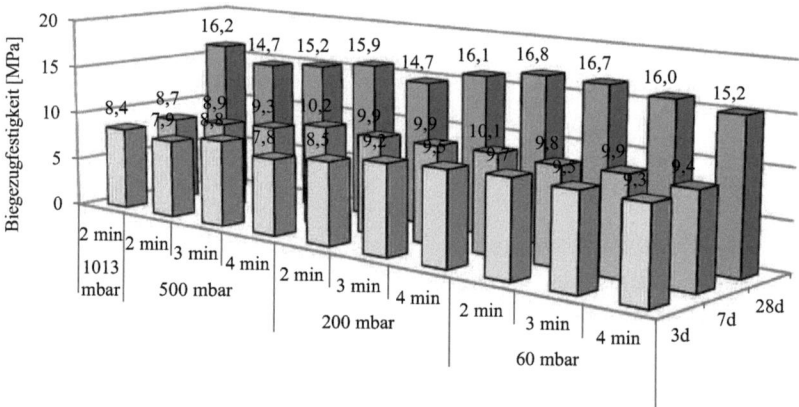

Abbildung 57: Übersicht über die Biegezugfestigkeiten aller Mischungen (Sternwirbler)

Experimentelle Untersuchungen

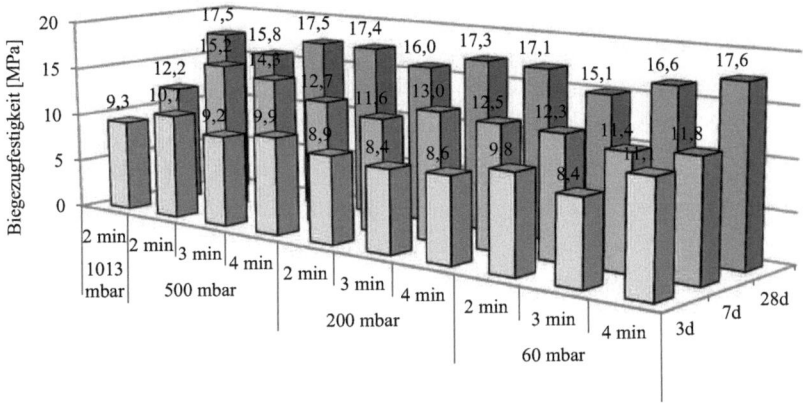

Abbildung 58: Übersicht über die Biegezugfestigkeiten aller Mischungen (Stiftenwirbler)

Die statistische Auswertung aller bestimmten Biegezugfestigkeiten in dieser Versuchsreihe ergab eine mittlere Standardabweichung von 7,5 %. Das bedeutet, dass die Ergebnisse der Biegezugfestigkeitsprüfung in dieser Versuchsreihe 7,5 % um den Mittelwert streuen. Bei getrennter Betrachtung der Biegezugfestigkeiten der Mischungen, die sowohl mit dem Stern- als auch mit dem Stiftenwirbler hergestellt wurden, ergaben sich ähnliche Streuungen. Es kann daher davon ausgegangen werden, dass das Mischwerkzeug keinen nennenswerten Einfluss auf die Streuung der Ergebnisse der Biegezugfestigkeitsprüfung hat. Eine längere Entlüftungsphase führte zu keiner wesentlichen Änderung der Biegezugfestigkeit bzw. zu teilweise gegenläufigen Tendenzen, wie in Abbildung 57 und Abbildung 58 zu erkennen ist. Um nun den Einfluss der Entlüftungsdauern auf die Biegezugfestigkeit abzuschätzen, wurde die mittlere Festigkeitssteigerung auf Grund der unterschiedlichen Entlüftungsdauern berechnet. Dazu wurde die relative Festigkeitssteigerung bei einer Entlüftungsdauer zwischen 2 und 4 min (3 min wird außer Acht gelassen) zu jedem Prüfzeitpunkt berechnet und daraus der Mittelwert gebildet. Für die Mischungen, die mit dem Sternwirbler hergestellt wurden, betrug diese mittlere Festigkeitssteigerung 4 %, die näherungsweise als Einfluss der Entlüftungsdauer angenommen werden kann. Diese war aber kleiner als die Streuung von 7,5 %, die sich bei der Biegezugfestigkeitsprüfung ergab. Daher kann kein eindeutiger Einfluss der Entlüftungsdauer auf die Biegezugfestigkeit für die Mischungen, die mit dem Sternwirbler hergestellt wurden, abgeleitet werden.

Bei der gleichen Betrachtung der mit dem Stiftenwirbler hergestellten Mischungen, ergab sich eine durchschnittliche Steigerung durch eine längere Entlüftung von 5 %. Daher liegt dieser Wert auch für die Mischungen, die mit dem Stiftenwirbler hergestellt wurden, innerhalb der Streuung der Biegezugfestigkeitsprüfung (7,5 %). Unter diesem Aspekt kann aus den Ergebnissen dieser Versuchsreihe abgeleitet werden, dass der Einfluss der Dauer der Entlüftungsphase auf die Biegezugfestigkeit nur sehr gering ist.

Wird demnach der Einfluss der Entlüftungsdauer vernachlässigt, lässt sich der Mittelwert der Biegezugfestigkeit bei der jeweiligen Unterdruckstufe bilden. Diese Mittelwerte sind in Abbildung 59 als Biegezugfestigkeitsentwicklungen der Mischungen, die mit dem Stern- bzw. mit dem Stiftenwirbler hergestellt wurden, über dem Probenalter für jeden Unterdruck dargestellt. Es ist zu erkennen, dass die Festigkeiten der entlüfteten Mischungen, die mit dem Sternwirbler hergestellt wurden, nach 3 und 7 Tagen über jenen der jeweiligen Mischungen ohne Entlüften liegen. Nach 28 Tagen gleichen sich die Biegezugfestigkeiten aller mit dem Sternwirbler hergestellten Mischungen, an und liegen in einem Bereich zwischen 15 und 16 MPa. Bei den Mischungen, die mit dem Stiftenwirbler hergestellt wurden, liegt die Festigkeit der Mischung, die bei 200 mbar entlüftet wurde, nach 3 Tagen etwas unter den Festigkeiten der anderen Mischungen. Die Festigkeit nach 7 Tagen liegt bei der Mischung, die bei 500 mbar entlüftet wurde, deutlich über allen anderen. Nach 28 Tagen gleichen einander auch die Festigkeiten der Mischungen, die mit dem Stiftenwirbler hergestellt wurden, ebenfalls an und liegen in einem Bereich um 17 MPa sehr eng beisammen.

Experimentelle Untersuchungen

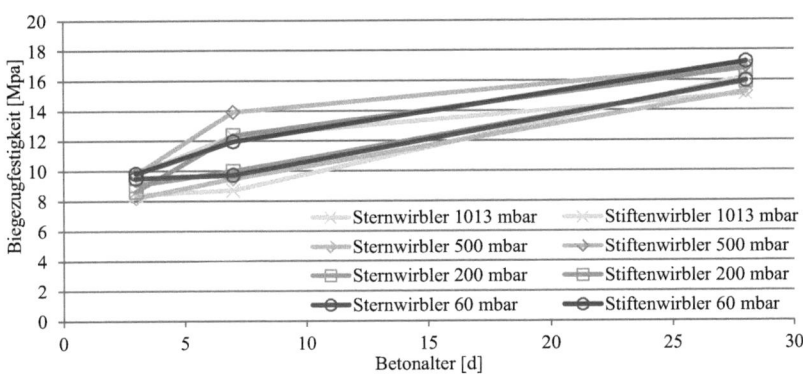

Abbildung 59: Biegezugfestigkeitsentwicklung über das Probenalter in Abhängigkeit von Mischwerkzeug und Unterdruck (jeweils Mittelwert über die drei Entlüftungsdauern)

In Abbildung 60 ist die Biegezugfestigkeit in Abhängigkeit des verwendeten Mischwerkzeuges aufgetragen. Dabei handelt es sich um die Mittelwerte aller Mischungen, die mit dem jeweiligen Wirbler hergestellt wurden. Die Biegezugfestigkeiten der Probekörper, die aus den Mischungen mit dem Stiftenwirbler hergestellt wurden, liegen immer über jenen der Probekörper, aus Mischungen mit dem Sternwirbler.

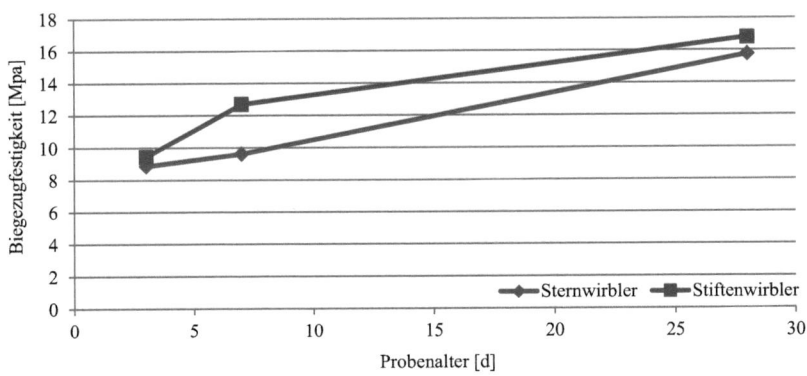

Abbildung 60: Biegezugfestigkeit in Abhängigkeit vom Mischwerkzeug
(Mittelwerte über alle Mischungen mit dem jeweiligen Wirbler)

Unter Verwendung des Stiftenwirblers für die Herstellung der Mischungen konnte in dieser Versuchsreihe die Biegezugfestigkeit nach 28 Tagen mit dem Vakuummischprozess bei einem Unterdruck von 60 mbar im Mittel um 13,8 % gesteigert werden.

Bei der Verwendung des Sternwirblers hingegen kam es nach 28 Tagen durch den Vakuummischprozess bei 60 mbar zu einem Festigkeitsverlust von -1,6 %. Das lag aber wieder innerhalb der Streuung der Biegezugfestigkeitsprüfung von 7,5 % und konnte damit als vernachlässigbar gering angesehen werden.

4.2.3.2 Druckfestigkeit

Die Prüfung der Druckfestigkeit wurde, wie in Abschnitt 3.3.3 beschrieben, mit einer Belastungsgeschwindigkeit von 50 N/s durchgeführt. Die Druckfestigkeit der Probekörper, die aus den Mischungen mit dem Sternwirbler hergestellt wurden, ist in Abbildung 61 dargestellt. Jene der Probekörper aus den Mischungen mit dem Stiftenwirbler sind in Abbildung 62 dargestellt. Die angegebenen Werte sind jeweils die Mittelwerte der Druckfestigkeit von drei Prismenhälften.

Die niedrigste Druckfestigkeit nach drei Tagen mit 74,4 MPa stammte von der Mischung bei 500 mbar und einer Entlüftungsdauer von 2 Minuten, die mit dem Sternwirbler hergestellt wurde. Die höchste Druckfestigkeit mit 110,8 MPa stammte von der Mischung bei 60 mbar und bei einer Entlüftungsdauer von 3 Minuten, hergestellt mit dem Stiftenwirbler. Nach 7 Tagen entfiel die geringste Druckfestigkeit mit 95,0 MPa auf die Nullmischung, die mit dem Sternwirbler hergestellt wurde, und die höchste Festigkeit mit 126,6 MPa wieder auf die Mischung, hergestellt mit dem Stiftenwirbler bei 60 mbar und einer Entlüftungsdauer von 3 Minuten. Diese Mischung erreichte auch nach 28 Tagen mit 151,4 MPa die höchste Festigkeit. Die niedrigste Festigkeit mit nur 120,0 MPa erreichte wieder die Mischung, die mit dem Sternwirbler bei 500 mbar und einer Entlüftungsdauer von 2 Minuten hergestellt wurde.

Experimentelle Untersuchungen

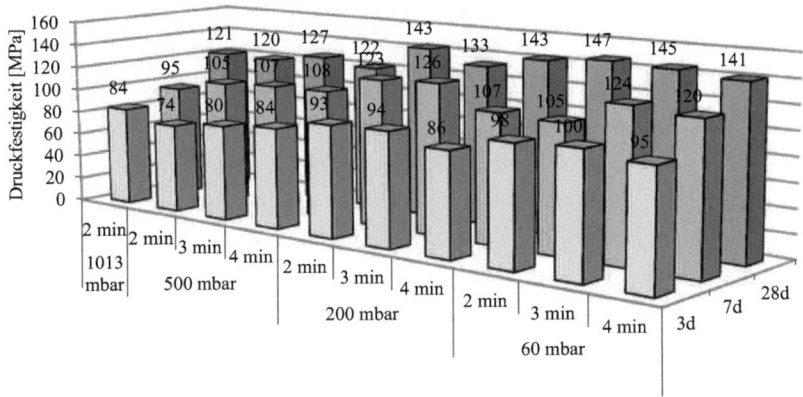

Abbildung 61: Übersicht über die Druckfestigkeiten aller Mischungen (Sternwirbler)

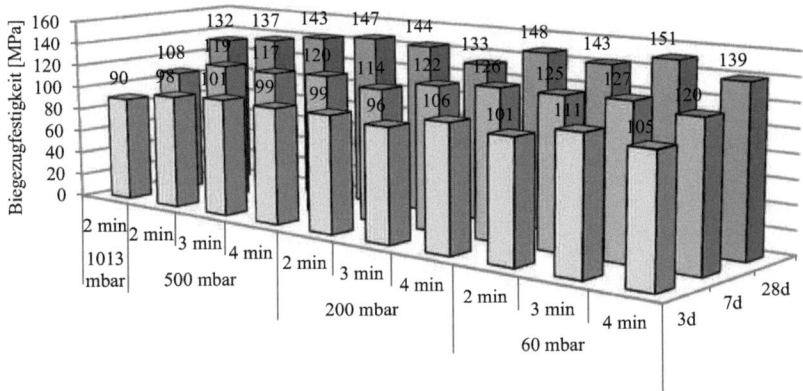

Abbildung 62: Übersicht über die Druckfestigkeiten aller Mischungen (Stiftenwirbler)

Wie schon bei der Betrachtung der Biegezugfestigkeiten, entfiel auch hier die jeweils geringste Festigkeit nur einmal auf eine Nullprobe (ohne Vakuum). Es handelte sich dabei um dieselbe Mischung. Alle anderen Mischungen mit den niedrigsten bzw. höchsten Druckfestigkeiten unterschieden sich von jenen Mischungen mit den niedrigsten bzw. höchsten Biegezugfestigkeiten. Eine statistische Auswertung aller bestimmten Druckfestigkeiten ergab eine mittlere relative

Standardabweichung von 2,5 %. Dieser Wert war auch hier (wie schon zuvor bei der Biegezugfestigkeit) bei der Verwendung des jweiligen Mischwerkzeuges gleich. Die unterschiedlichen Mischwerkzeuge haben daher auch auf die Streuung der Ergebnisse der Druckfestigkeitsprüfung keinen Einfluss. Insgesamt ist die Streuung bei der Druckfestigkeitsprüfung wesentlich geringer als bei den Ergebnissen der Biegezugfestigkeitsprüfung. Die Betrachtung der Druckfestigkeiten im Hinblick auf die Entlüftungsdauer lässt auch hier keine klare Tendenz erkennen und ist teilweise, wie schon bei der Biegezugfestigkeit, gegenläufig. Die gleiche grobe rechnerische Abschätzung wie bei der Biegezugfestigkeit ergibt, dass die mittlere Festigkeitssteigerung durch eine längere Entlüftung bei der Verwendung des Sternwirbler ca. 0,5 % und bei der Verwendung des Stiftenwirblers ca. 1,5 % beträgt und daher wieder im Bereich der Streuung der Druckfestigkeit liegt. Ein klarer Einfluss einer längeren Entlüftungsdauer ist deshalb auch hier nicht ersichtlich.

In Abbildung 63 ist die Druckfestigkeitsentwicklung in Bezug auf die jeweilige Nullmischung (ohne Vakuum) dargestellt.

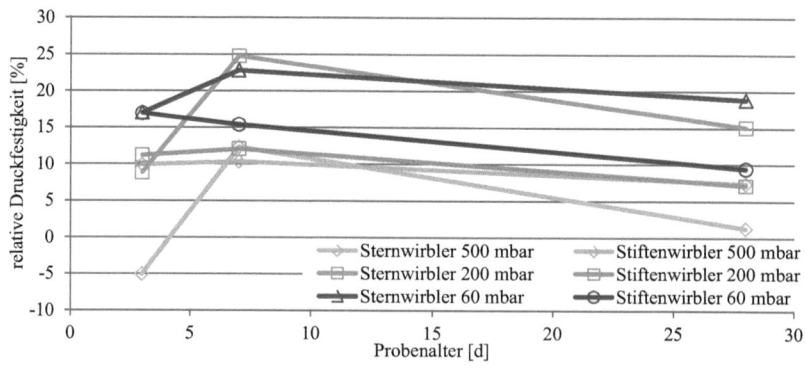

Abbildung 63: Relative Druckfestigkeitsentwicklung (aus Mittelwert über die drei Entlüftungsdauern) in Abhängigkeit von Mischwerkzeug und Unterdruck bezogen auf die Festigkeit der jeweiligen Nullprobe (ohne Vakuum)

Den größten Einfluss des Vakuummischens auf die relative Druckfestigkeitsentwicklung zeigen die Proben im Alter von 7 Tagen (im

Vergleich zur jeweiligen Nullprobe gemischt ohne Vakuum). Danach fällt die relative Festigkeitssteigerung wieder ab.

Die Steigerung der Druckfestigkeit nach 28 Tagen durch den Vakuummischprozess bei einem Unterdruck von 60 mbar und der Verwendung des Sternwirblers beträgt demnach im Mittel 19 % und bei Verwendung des Stiftenwirblers 10 %.

Betrachtet man die Druckfestigkeiten als Mittelwerte aller Mischungen in Abhängigkeit vom Mischwerkzeug in Abbildung 64, zeigt sich, dass auch die Druckfestigkeiten der Probekörper aus den Mischungen, die mit dem Stiftenwirbler hergestellt wurden, immer über jenen des Sternwirblers liegen. Prozentuell ausgedrückt, liegt die Druckfestigkeit der Mischungen, die mit dem Stiftenwirbler hergestellt wurden, nach 3 Tagen um 13 %, nach 7 Tagen um 7 % und nach 28 Tagen um 6 % höher als jene der Mischungen hergestellt mit dem Stiftenwirbler. Dieser Festigkeitsunterschied ist hier noch deutlicher als bei *Safranek* [114] (vgl. Abschnitt 2.5.3).

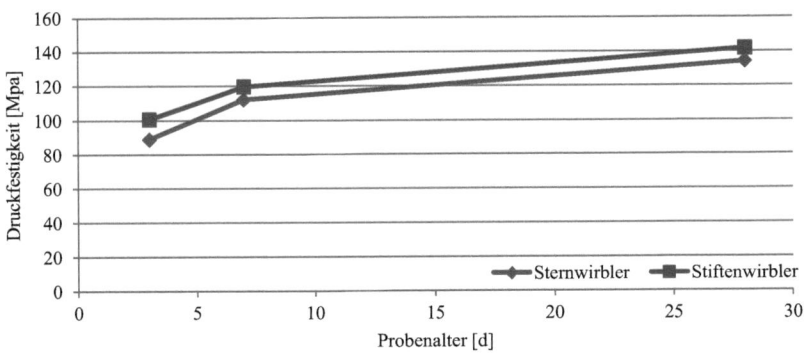

Abbildung 64: Druckfestigkeit in Abhängigkeit vom Mischwerkzeug (Mittelwerte über alle Mischungen)

4.2.4 Schlussfolgerungen aus den Untersuchungen zu Mischwerkzeug, Entlüftungsdauer und Höhe des Unterdruckes

Bei einem Atmosphärendruck von 1030 mbar ist der Luftgehalt der Mischungen, die mit dem Sternwirbler hergestellt wurden, höher als jener, die mit dem Stiftenwirbler hergestellt wurden. Je geringer der Druck während der Entlüftungsphase ist, desto mehr nähern sich die Luftgehalte der Mischungen, die mit den unterschiedlichen Wirblern gemischt wurden, an. Bei einem Unterdruck von 60 mbar ist kein Einfluss des Mischwerkzeugs auf den Luftgehalt des Frischbetons mehr zu erkennen.

Die Reduktion des Luftgehalts durch das Vakuummischen fällt im Vergleich zur jeweiligen Nullmischung (ohne Vakuum) mit dem Sternwirbler etwas höher aus als mit dem Stiftenwirbler.

Der Luftgehalt des Frischbetons lässt sich, unabhängig vom Mischwerkzeug, durch den Vakuummischprozess bei einem Unterdruck von 60 mbar und einer Entlüftungsdauer von 2 min von über 5 % auf 1,2 % absenken. Das entspricht einer Reduktion um etwa 75-80 %. Eine längere Entlüftungsphase als 2 min (3 min bzw. 4 min) führte nur bei einem Unterdruck von 200 bzw. 500 mbar bei der Verwendung des Sternwirblers zu einer weiteren Verringerung des Luftgehalts.

Das Ausbreitmaß verringert sich bei steif-plastischer Konsistenz des Frischbetons mit sinkendem Luftgehalt.

Die Steigerung der Biegezugfestigkeit in Bezug auf die jeweilige Nullmischung (ohne Vakuum) beträgt beim Stiftenwirbler 13,8 %. Bei der Verwendung des Sternwirblers kann im Mittel praktisch keine Steigerung der Biegezugfestigkeit durch das Vakuummischen erreicht werden. Die Druckfestigkeitssteigerung in Bezug auf die jeweilige Nullmischung nach 28 Tagen beträgt daher bei den Mischungen, gemischt mit dem Sternwirbler, 18,9 % und bei jenen, die mit dem Stiftenwirbler gemischt wurden, nur 9,4 %. Absolut gesehen liegen aber sowohl die Biegezugfestigkeiten als auch die Druckfestigkeiten der Mischungen, hergestellt dem Stiftenwirbler, immer über jenen der Mischungen, die mit dem Sternwirbler gemischt wurden. Die positiven Auswirkungen einer besseren Mischwirkung des Stiftenwirblers übersteigen offenbar die Auswirkungen einer etwas geringeren Entlüftungsleistung im Vergleich mit dem Sternwirbler.

Ein Einfluss einer längeren Entlüftungsdauer als 2 min auf die Biegezugfestigkeit und auf die Druckfestigkeit kann aus dieser Versuchsserie nicht abgeleitet werden.

4.3 Vakuummischprozess in Kombination mit unterschiedlichen Nachbehandlungsmethoden

Die Art der Nachbehandlung von UHPC hat einen wesentlichen Einfluss auf dessen Festigkeitsentwicklung. Speziell die Anwendung von Nachbehandlungsmethoden bei höheren Temperaturen kann enorme Festigkeitssteigerungen bewirken (vgl. Abschnitt 2.6). Durch die folgende Versuchsreihe sollen Erkenntnisse über die gegenseitige Beeinflussung von Vakuummischprozess und Nachbehandlungsmethode gewonnen werden. Die Versuche erstreckten sich über sechs verschiedene Nachbehandlungsmethoden.

4.3.1 Mischungsentwurf und Versuchsplanung

Die Zusammensetzung des Betons für diese Versuchsreihe ist in Tabelle 6 angegeben. Es handelt sich im Grunde um die gleiche Mischung, wie sie von den Untersuchungen aus dem vorigen Abschnitt bekannt ist. Um die Konsistenz des Frischbetons zu verbessern, wurde lediglich die Zugabemenge des Fließmittels erhöht. Durch den wässrigen Anteil des Fließmittels erhöhte sich dadurch der w/z-Wert von 0,25 auf 0,26 bei einem gleichbleibenden Zementgehalt von 700 kg/m³.

Tabelle 6: Mischungszusammensetzung für 1 m³ Beton

Ausgangsstoffe	Masse [kg/m³]
Portlandzement CEM I 42,5 R C_3A-frei (CEM)	700,00
Mikrosilika (MS)	140,00
Quarzmehl 16900 (QM)	64,50
Quarzsand 0-1 (QS)	253,00
Quarzsand 0,06-1 (QS)	952,00
Fließmittel auf PCE-Basis (FM)	49,00
Wasser inkl. flüssiger FM-Anteil	183,40
Wasserzementwert w/z	0,26
Wasserbindemittelwert w/b (k-Wert für MS =1)	0,22
Volumenverhältnis Wasser/Feinteile V_W/V_F	0,59

Der Mischreihenfolge ist gleich wie bei den Mischungen des vorigen Abschnittes, nur die Dauer der Trockenmischphasen wurde etwas verändert

(Tabelle 7). Obwohl die Drehzahl des Wirblers von Beginn an fast verdoppelt wurde, stieg die Frischbetontemperatur auf höchstens 31 °C an. Die Temperaturerhöhung beim Trockenmischen bei höherer Drehzahl konnte als gering angesehen werden, aber bereits die geringe Erhöhung des w/z-Wertes dürfte ausgereicht haben, dass die Temperatur auch nach der Wasserzugabe weit unter dem, für eine Entlüftung bei 60 mbar, kritischen Wert von 37 °C blieb. Alle Mischungen konnten deshalb bei diesem Unterdruck gemischt werden, ohne eine unerwünschte Verdampfung von Wasser befürchten zu müssen. Entsprechend den Erkenntnissen aus der vorherigen Versuchsreihe wurde eine Entlüftungsdauer von 2 min angewendet und als Mischwerkzeug der Stiftenwirbler eingesetzt. Die Mischungen ohne Vakuum wurden ebenfalls 2 Minuten nachgemischt, um die Gesamtmischdauer für alle Mischungen gleich zu halten.

Tabelle 7: Reihenfolge der Mischphasen, Dauer der Mischphasen und Werkzeuggeschwindigkeit
(CEM Zement, MS Mikrosilika, QM Quarzmehl, QS Quarzsand, FM Fließmittel)

Mischphase	Dauer [s]	Wirblerdrehzahl [U/min]	Wirblergeschw. [m/s]
Trockenmischen (CEM, MS, QM)	90	950	6,2
Zugabe Sand	30	950	6,2
Trockenmischen	90	950	6,2
Zugabe Wasser mit ½ -FM	30	950	6,2
Intensivmischen	120	950	6,2
Zugabe restl. FM	30	950	6,2
Intensivmischen	120	950	6,2
Entlüften [60 mbar] bzw. Nachmischen[1]	120	250	1,6
Gesamtmischdauer	600	-	

[1] für die Mischungen ohne Vakuum

Für die Herstellung aller 144 für die Versuche benötigten Prismen mit den Abmessungen 40x40x160 mm wurden insgesamt 12 Mischungen ohne Vakuum und 12 Mischungen mit Vakuum gemischt. Unmittelbar nach dem Mischen erfolgten wieder die Frischbetonprüfung und die Herstellung der Probekörper. Der Frischbeton wurde in die Prismenschalungen gefüllt, ca.

30 s auf einem Rütteltisch verdichtet und mit einer Folie abgedeckt. Am nächsten Tag wurden die Prismen ausgeschalt und den folgenden Nachbehandlungen unterzogen:

1. Normlagerung (NL): In Anlehnung an ÖNORM B 3303 [181] wurden die Proben bis zum Alter von 7 Tagen unter Wasser bei Raumtemperatur gelagert. Danach erfolgte die weitere Lagerung an Raumluft bis zur Festbetonprüfung.
2. Luftlagerung bei Raumtemperatur 20 °C (L20): Die Proben wurden nach dem Ausschalen mit Folie abgedeckt und bis zur Prüfung gelagert.
3. Heißwasserlagerung bei 90 °C (W90): Die Proben wurden nach dem Ausschalen noch 24 h mit Folie abgedeckt gelagert. Danach wurden sie im Heißwasserbecken auf 90 °C aufgeheizt. Die Wassertemperatur von 90 °C wurde für 48 h aufrecht gehalten und danach wieder auf Raumtemperatur abgekühlt. Die weitere Lagerung erfolgte bei Raumtemperatur an Luft.
4. Heißluft 90 °C (L90): Gleich wie bei W90, nur dass die Wärmebehandlung nicht in einem Heißwasserbecken erfolgte, sondern „trocken" in einem Ofen und erst 72 h nach dem Ausschalen begann.
5. Heißluft 250 °C (L250): Gleich wie bei L90, die maximale Temperatur von 250 °C wurde hier über 6 Tage aufrecht gehalten.
6. Heißwasser/Heißluft (W90L250): Die Proben wurden bis zum Alter von 7 Tagen unter Wasser gelagert. Danach erfolgte eine Heißwasserbehandlung wie bei W90. Die Proben wurden im Anschluss daran allerdings nicht abgekühlt, sondern direkt in einen auf 90 °C vorgeheizten Ofen umgelagert und sofort weiter auf 250 °C aufgeheizt. Die Temperatur von 250 °C wurde für 48 h gehalten. Nach der Abkühlung auf Raumtemperatur erfolgte die weitere Lagerung an Raumluft.

Die Aufheiz- und Abkühlraten waren bei allen Wärmebehandlungen gleich und betrugen 10 K/h.

Experimentelle Untersuchungen

Der zeitliche Verlauf der Lagerungsbedingungen bei den unterschiedlichen Nachbehandlungsarten ist übersichtlich in Tabelle 8 dargestellt.

Tabelle 8: Zeitlicher Verlauf der Lagerungsbedingungen (NL Normlagerung, W90 Heißwasserlagerung 90°C, L90 Luftlagerung 90 °C, L250 Luftlagerung 250 °C, W90L250 Heißwasser-/Heißluftlagerung)

Bezeichnung	Lagerungsbedingungen
NL	S | W20 | L20
L20	S | L20
W90	S | L | W90 | L20
L90	S | L20 | L90 | L20
L250	S | L20 | L250 | L20
W90L250	S | L20 | W90 | L250 | L20
Probenalter [d]	1 2 3 4 5 6 7 8 9 10 11 12 13 14 15 16 17 18 19 20 21 22 23 24 25 26 27 28

S   Lagerung in der Schalung, W20   20 °C-Wasserlagerung, L20   Lagerung an Raumluft
W90   90 °C-Heißwasserlagerung, L90   90 °C-Heißluftlagerung, L250   250 °C-Heißluftlagerung

4.3.2 Frischbetonprüfung

Der Luftgehalt wurde wieder im 1 l – Luftporentopf nach ca. 30 s rütteln auf dem Rütteltisch gemessen. Die Bestimmung des Ausbreitmaßes erfolgte auf dem Hägermann-Tisch unter 15-maligem Schocken. In Tabelle 9 sind die Ergebnisse der Frischbetonprüfungen zusammengestellt. Es handelt sich dabei immer um die Mittelwerte aus den Prüfungen an den 12 Mischungen.

Tabelle 9: Frischbetonkennwerte (Mittelwerte aus 12 Mischungen)

Mischen	Ausbreitmaß [cm]	Luftgehalt [Vol.-%]	Rohdichte [kg/m³]
ohne Vakuum	21,3	5,5	2273
mit Vakuum	20,1	0,8	2376

Die Verringerung des Luftgehaltes des Frischbetons von 5,5 Vol.-% auf 0,8 Vol.-% durch den Vakuummischprozess entsprach einer Reduktion des Luftgehalts um ca. 86 %.
Die Rohdichte des vakuumgemischten Betons lag deshalb weit über jener

des nicht vakuumgemischten Betons. Der Anstieg der Frischbetonrohdichte um 4,5 % stimmte im Mittel mit der Reduktion des Luftgehaltes von 4,7 % gut überein.

Im Vergleich zur Mischung aus Abschnitt 4.2 zeigte diese nur leicht veränderte Mischung bereits eine etwas bessere plastischere Konsistenz. Das Ausbreitmaß war im Vergleich der Mischungen ohne Vakuum hier um etwa 3 cm größer und die Verkleinerung des Ausbreitmaßes durch das Vakuummischen fiel wesentlich geringer aus als bei den Mischungen in Abschnitt 4.2, obwohl die Reduktion des Luftgehaltes bei dieser Mischung höher war.

Offenbar hängen die Auswirkungen des Entlüftens auf die Reduktion des Luftgehalts und die Veränderung der Konsistenz von der Ausgangskonsistenz ab. Das heißt, je weicher die Konsistenz der Mischung ist, desto geringer ist die Verkleinerung des Ausbreitmaßes mit abnehmendem Luftgehalt. Die durch den geringeren Luftgehalt höhere Rohdichte bewirkt in Kombination mit der Schwerkraft ein größeres Ausbreitmaß. Dieser Effekt schwächt die Verringerung der „Schmierwirkung" der Luftporen bei einem niedrigeren Luftgehalt ab. Es ist daher zu erwarten, dass ein bereits fließfähiger Beton nach dem Entlüften sogar ein größeres Ausbreitmaß aufweist.

4.3.3 Festbetonprüfung

4.3.3.1 Prüfzeitpunkt

Die Festigkeiten (Biegezug-, Spaltzug- und Druckfestigkeit) wurden bei einem Betonalter von einem Tag (unmittelbar nach dem Ausschalen), nach Beendigung der jeweiligen Wärmebehandlungen (je nach Wärmebehandlung am 8., 10. oder 12. Tag), nach 15 Tagen und nach 28 Tagen ermittelt. Bei den angegebenen Werten handelt sich immer um den Mittelwert der jeweiligen Festigkeit aus der Prüfung von drei Probekörpern.

4.3.3.2 Biegezugfestigkeit

Die Ermittlung der Biegezugfestigkeit erfolgte wie in Abschnitt 3.3.1 beschrieben.

Die Biegezugfestigkeitsentwicklung der Mischung ohne Vakuum ist in Abbildung 65 und die der Mischungen mit Vakuum in Abbildung 66 dargestellt. Der grundsätzliche Verlauf der Kurven ist bei beiden Mischtechniken sehr ähnlich. Die Proben der Reihe NL (Normlagerung) wiesen die höchste Biegezugfestigkeit nach 8 Tagen unmittelbar nach der Entnahme aus dem Wasser auf. Danach fällt die Festigkeit bis zum Alter von 15 Tagen um dann bis zum 28. Tag wieder leicht anzusteigen. Die Nachbehandlungsmethode L20 (Luftlagerung) führte zu einer mehr oder weniger kontinuierlichen Festigkeitssteigerung.

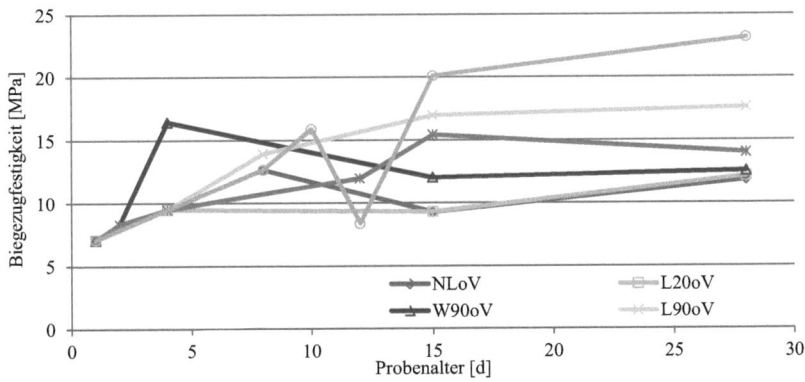

Abbildung 65: Biegezugfestigkeitsentwicklung der Mischungen ohne Vakuum in Abhängigkeit von der Nachbehandlungsmethode (oV ohne Vakuum, NL Normlagerung, W90 Heißwasserlagerung 90°C, L90 Luftlagerung 90 °C, L250 Luftlagerung 250 °C, W90L250 Heißwasser-/Heißluftlagerung)

Die Nachbehandlung in 90 °C heißem Wasser (W90) führte zu einem starken Anstieg der Biegezugfestigkeit. Bis zum 15. Tag fiel diese wieder relativ stark ab und stieg danach bis zum 28. Tag wieder leicht an. Zu einem sehr gleichmäßigen Verlauf führte die Nachbehandlungsmethode L90. Es kam hier zu keinem Abfall der Festigkeit unmittelbar nach der

Wärmebehandlung, sondern zu einem kontinuierlichen Anstieg bis zum 15. Tag. Die gleiche Tendenz zeigten auch die Proben der Nachbehandlungsmethode L250 (Heißluft 250 °C). Der Anstieg der Festigkeit vom Ende der Wärmebehandlung bis zum 15. Tag fiel steiler aus als jener während der Wärmebehandlung selbst. Bei den Proben der Reihe W90L250 (Heißwasser/Heißluft) zeigte sich ein Anstieg der Festigkeit durch die Heißwasserbehandlung. Unmittelbar nach der Heißluftbehandlung kam es aber zu einem sehr deutlichen Festigkeitseinbruch. In den folgenden drei Tagen folgte aber wieder ein extremer Anstieg. Bei den Mischungen ohne Vakuum wies diese Versuchsreihe W90L250 bei 15 und 28 Tagen mit Abstand die höchste Biegezugfestigkeit auf.

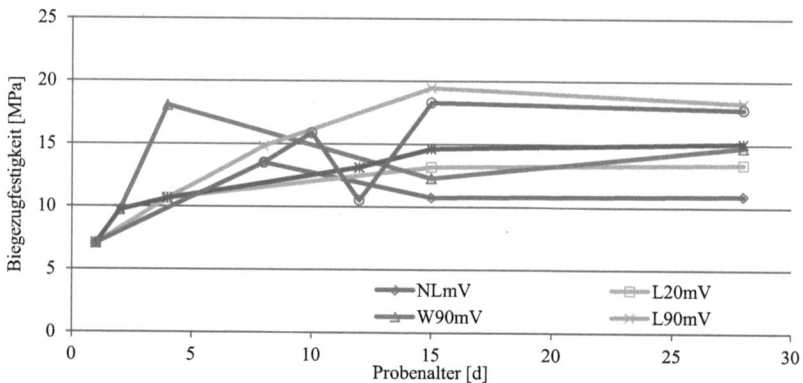

Abbildung 66: Biegezugfestigkeitsentwicklung der Mischungen mit Vakuum in Abhängigkeit von der Nachbehandlungsmethode (mV mit Vakuum, NL Normlagerung, W90 Heißwasserlagerung 90°C,
L90 Luftlagerung 90 °C, L250 Luftlagerung 250 °C, W90L250 Heißwasser-/Heißluftlagerung)

Die absolut höchste Biegezugfestigkeit von 23,1 MPa erreichte die Mischung mit W90L250 nach 28 Tagen. Die geringste Biegezugfestigkeit nach 28 Tagen von 10,9 MPa stammte von der Mischung bei NL (Normlagerung).

In Abbildung 67 werden der Einfluss des Vakuummischprozesses und der

Einfluss der jeweiligen Nachbehandlungsmethode auf die Biegezugfestigkeit getrennt dargestellt. Es wird die prozentuelle Steigerung der Festigkeit bei einem Probenalter von 15 und 28 Tagen auf Grund der jeweiligen Maßnahme (Nachbehandlung bzw. Vakuum) bezogen auf die Festigkeit der Proben mit NL – Normlagerung, angegeben. Der erste Vergleich bezieht sich auf die Festigkeitssteigerung nur durch die jeweilige Nachbehandlungsmethode. Dabei wird die Festigkeit der ohne Vakuum hergestellten Mischungen bei der jeweiligen Nachbehandlung auf die Festigkeit der ebenfalls ohne Vakuum (oV) erzeugten Mischungen bei der Nachbehandlungsmethode NL bezogen (blaue Säulen). Der zweite Vergleich bezieht sich auf die Festigkeitssteigerung durch den Vakuummischprozess bei der jeweiligen Nachbehandlungsmethode. Dabei wird die Festigkeit der jeweiligen Mischung ohne Vakuum (oV) mit der Festigkeit der entsprechenden Mischung mit Vakuum (mV) verglichen (rote Säulen). Der dritte Vergleich stellt die Gesamtsteigerung der Festigkeit in Bezug auf die nicht vakuumgemischte Mischung bei NL durch die jeweilige Nachbehandlung in Kombination mit dem Vakuummischprozess dar (grüne Säulen).

Bei der Diskussion des ersten Vergleichs (blaue Säulen) kann bei NL (Normlagerung) natürlich kein Anteil auf Grund der Nachbehandlung angegeben werden, weil das die Bezugs-Nachbehandlung war. Der Einfluss von L20 – Luftlagerung führte zu keiner nennenswerten Steigerung der Biegezugfestigkeit. Die W90-Lagerung (Heißwasser 90 °C) bewirkte nach 15 Tagen eine deutliche Festigkeitssteigerung im Vergleich zur Referenz NL, nach 28 Tagen fiel diese aber wesentlich geringer aus. L90 – Heißluft 90 °C steigerte die Festigkeit mehr als L250 – Heißluft 250 °C. Die größte Steigerung der Biegezugfestigkeit konnte durch W90L250 (Heißwasser/Heißluft) erreicht werden. Nach 28 Tagen war die Festigkeit nahezu doppelt so hoch wie die der normgelagerten Probekörper (NL).

Experimentelle Untersuchungen

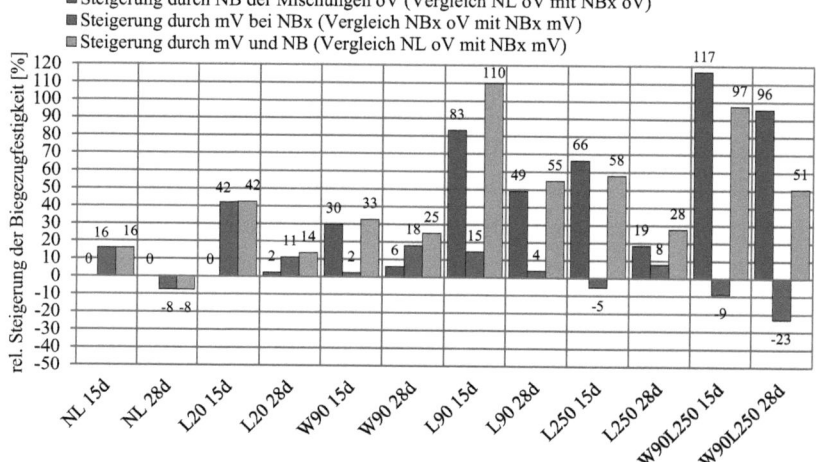

Abbildung 67: Relative Steigerung der Biegezugfestigkeit bei einem Probenalter von 15 bzw. 28 Tagen getrennt nach dem Einfluss des Vakuummischprozesses, der Nachbehandlungsmethode und beider Maßnahmen (oV ohne Vakuum, mV mit Vakuum, NBx: NL Normlagerung,
W90 Heißwasserlagerung 90°C, L90 Luftlagerung 90 °C, L250 Luftlagerung 250 °C, W90L250 Heißwasser-/Heißluftlagerung)

Aus dem zweiten Vergleich (rote Säulen) kann der Einfluss des Vakuummischprozesses auf die Festigkeitssteigerung bei der jeweiligen Nachbehandlungsmethode abgelesen werden. Bei Normlagerung NL betrug die Steigerung durch den Vakuummischprozess nach 15 Tagen somit 16 %, nach 28 Tagen aber -8 %. Das bedeutet, dass die Mischung mit Vakuum um 8 % schwächer war als die Mischung ohne Vakuum. Bei der Nachbehandlungsmethode L20 – Raumluft betrug die Festigkeitssteigerung nach 15 Tagen 42 % und kam nur durch den Vakuummischprozess zustande. Nach 28 Tagen betrug die Festigkeitssteigerung 11 % durch den Vakuummischprozess. Bei W90L250 – Heißwasser/Heißluft zeigte sich ein deutlich negativer Einfluss des Vakuummischprozesses.

Beim dritten Vergleich, der Steigerung durch Vakuum und Nachbehandlung in Bezug auf die Mischung ohne Vakuum bei NL, lässt sich erkennen, dass sich Vakuummischen und eine Wärmenachbehandlung gegenseitig leicht verstärken. Die Summe der prozentuellen Steigerungen durch die einzelnen Maßnahmen ist immer etwas geringer als die Gesamtsteigerung (grüne Säulen), die sich durch die Anwendung beider Maßnahmen ergibt. Dies könnte aber auch in negativer Richtung gelten, weil sich bei Betrachtung von W90L250 zeigt, dass die Gesamtsteigerung wesentlich geringer ausfällt als die Steigerung durch die Nachbehandlung abzüglich des (in diesem Fall) negativen Einflusses des Vakuummischprozesses.

Der Anteil des Vakuummischprozesses an der Festigkeitssteigerung der Biegezugfestigkeit variiert je nach Prüfzeitpinkt und Nachbehandlungsmethode sehr stark und kann auch einen beachtlichen negativen Einfluss auf die Biegezugfestigkeit haben. Speziell bei den Nachbehandlungen mit Heißluft (L90, L250 und W90L250) überwiegt der festigkeitssteigernde Anteil der Nachbehandlung gegenüber der festigkeitssteigernden Wirkung des Vakuummischprozesses.

4.3.3.3 Spaltzugfestigkeit

Die Spaltzugfestigkeit wurde, wie in Abschnitt 3.3.2, beschrieben, bestimmt.

Die Spaltzugfestigkeitsentwicklung der Mischungen ohne Vakuum in Abhängigkeit der Nachbehandlungsmethode ist in Abbildung 68 und jene der Mischungen mit Vakuum ist in Abbildung 69 dargestellt. Die Verläufe dieser Kurven unterscheiden sich deutlich von denen der Biegezugfestigkeitsentwicklung, sowohl in der Tendenz als auch in der Lage zueinander. Einzig die Verläufe der Nachbehandlungsmethode L20 (Raumluft) sind allen Abbildungen tendenziell gleich. Auffallend ist, dass der extreme Festigkeitseinbruch der Reihe W90L250 (Heißwasser/Heißluft) unmittelbar nach der Heißluftlagerung bei den Mischungen ohne Vakuum nicht auftrat. Ansonsten führte diese Nachbehandlung auch bei der Spaltzugfestigkeit zu sehr hohen Werten. Alle anderen Verläufe sind zumindest teilweise gegenläufig, die Auswirkungen des Vakuummischprozesses und der unterschiedlichen Nachbehandlungsmethoden auf die Spaltzugfestigkeit unterscheiden sich offenbar mehr oder weniger deutlich von jenen auf die Biegezugfestigkeit.

Experimentelle Untersuchungen

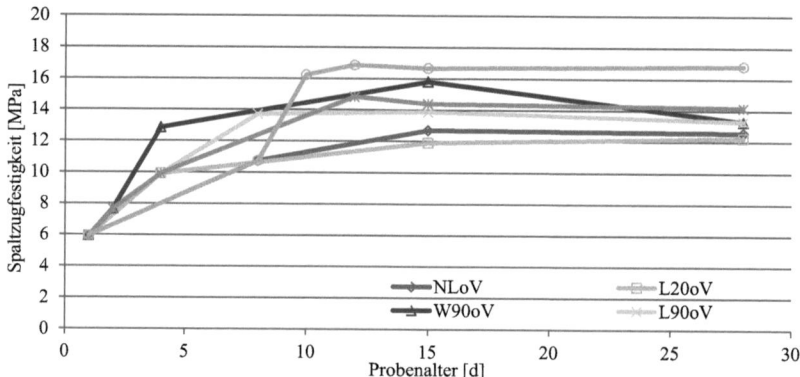

Abbildung 68: Spaltzugfestigkeitsentwicklung der Mischungen ohne Vakuum (oV) in Abhängigkeit von der Nachbehandlungsmethode (oV ohne Vakuum, NL Normlagerung, W90 Heißwasserlagerung 90°C, L90 Luftlagerung 90 °C, L250 Luftlagerung 250 °C, W90L250 Heißwasser-/Heißluftlagerung)

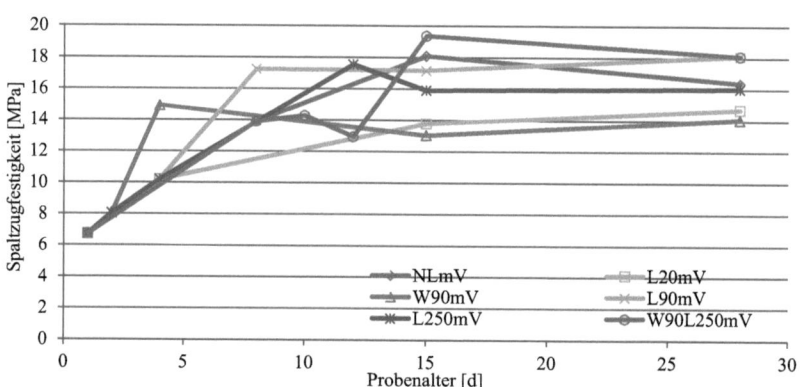

Abbildung 69: Spaltzugfestigkeitsentwicklung der Mischungen mit Vakuum (mV) in Abhängigkeit von der Nachbehandlungsmethode (mV mit Vakuum, NL Normlagerung, W90 Heißwasserlagerung 90°C, L90 Luftlagerung 90 °C, L250 Luftlagerung 250 °C, W90L250 Heißwasser-/Heißluftlagerung)

Die absolut höchste Spaltzugfestigkeit von 19,4 MPa wurde von W90L250mV am 15. Tag erreicht. Nach 28 Tagen erreichten die Mischungen W90L250mV und L90mV mit exakt gleichen 18,1 MPa die höchste Spaltzugfestigkeit. Der absolut niedrigste Wert nach 28 Tagen stammte von L20mV mit 12,2 MPa.

In Abbildung 70 wreden wieder die Einflüsse des Vakuummischprozesses und der jeweiligen Nachbehandlungsmethode getrennt dargestellt. Hier zeigt sich ganz deutlich, dass der Anteil des Vakuummischprozesses an der Festigkeitssteigerung (rote Säulen) wesentlich höher ist als zuvor bei der Biegezugfestigkeit. Der Beitrag der Nachbehandlungen zur Steigerung der Spaltzugfestigkeit ist teilweise sogar geringer als der Beitrag des Vakuummischprozesses. Diesmal führte das Mischen unter Vakuum nur bei der Nachbehandlungsmethode W90 (Heißwasser 90 °C) nach 15 Tagen zu einem negativen Einfluss. Bei der Versuchsreihe L20 (Raumluft) führte die Nachbehandlung zu einer leichten Reduktion der Festigkeitssteigerung in Bezug auf die Referenzlagerung NL (Normlagerung). Der Vergleich der Steigerungen durch Vakuum (rote Säulen) bzw. Nachbehandlung (blaue Säulen) mit der Gesamtsteigerung durch Vakuum und Nachbehandlung (grüne Säulen) zeigt auch hier eine leichte additive Tendenz (gegenseitigen Verstärkung) beider Maßnahmen.

Experimentelle Untersuchungen

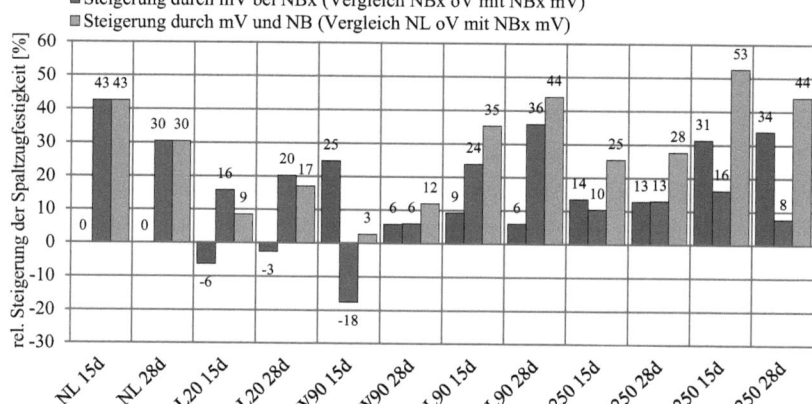

Abbildung 70: Relative Steigerung der Spaltzugfestigkeit bei einem Probenalter von 15 bzw. 28 Tagen getrennt nach dem Einfluss des Vakuummischprozesses, der Nachbehandlungsmethode und beider Maßnahmen (oV ohne Vakuum, mV mit Vakuum, NBx: NL Normlagerung, W90 Heißwasserlagerung 90°C, L90 Luftlagerung 90 °C, L250 Luftlagerung 250 °C, W90L250 Heißwasser-/Heißluftlagerung)

Im Gegensatz zur Biegezugfestigkeit zeigt sich bei der Spaltzugfestigkeit, dass der Einfluss des Vakuummischprozesses auf die Steigerung der Festigkeit in dieser Versuchsreihe durchwegs positiv und im Vergleich zu den unterschiedlichen Wärmenachbehandlungsmethoden stärker ausgeprägt ist.

4.3.3.4 Druckfestigkeit

Die Druckfestigkeit wurde, wie in Abschnitt 3.3.3 beschrieben, bestimmt. Die Belastungsgeschwindigkeit bei der Prüfung betrug für diese Versuchsreihe 1,2 MPa/s.

Die Druckfestigkeitsentwicklung der Mischungen ohne Vakuum in Abhängigkeit von der Nachbehandlungsmethode ist in Abbildung 71 und jene der Mischungen mit Vakuum ist in Abbildung 72 dargestellt. Die Verläufe stellen sich hier wesentlich „gleichmäßiger" dar als bei der Biegezug- bzw. Spaltzugfestigkeit. Lediglich die Festigkeit der normalgelagerten vakuumgemischten Proben zeigt einen Festigkeitsabfall vom 15. auf den 28. Tag. Als besonders markant stellt sich wieder die Festigkeitsentwicklung der Reihe W90L250 dar. Unmittelbar nach der Heißluftbehandlung weisen diese am 12. Tag eine enorme Festigkeitssteigerung auf, die bis zum 15. Tag wieder stark abfällt. Bei den zuvor dargestellten Biege- und Spaltzugfestigkeitsverläufen war es umgekehrt. Ähnlich verhielt sich auch die Druckfestigkeit der Reihe L250. Unmittelbar nach der 250 °C-Heißluftbehandlung überstieg sie vakuumgemischt die Festigkeit der Reihe W90L250 am 12. Tag und wies mit 243 MPa den absoluten Höchstwert der Druckfestigkeit dieser Versuchsreihe auf. Die absolut höchste 28-Tage-Druckfestigkeit erreichte W90L250mV mit 230 MPa. Die niedrigste Druckfestigkeit stammte von Reihe L20NBoV mit nur 130 MPa.

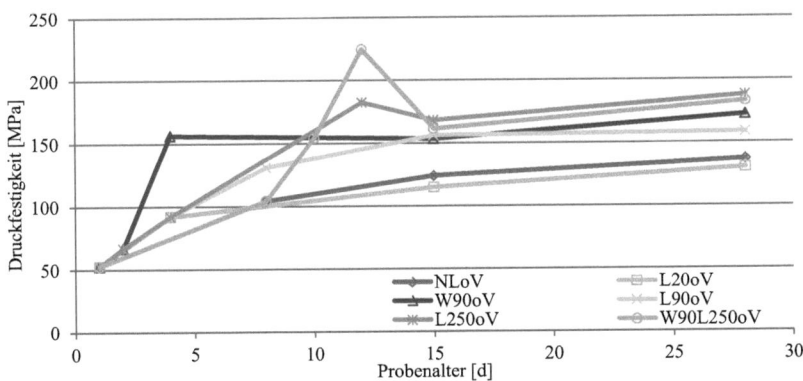

Abbildung 71: Druckfestigkeitsentwicklung der Mischungen ohne Vakuum in Abhängigkeit von der Nachbehandlungsmethode(oV ohne Vakuum, NL Normlagerung, W90 Heißwasserlagerung 90°C, L90 Luftlagerung 90 °C, L250 Luftlagerung 250 °C, W90L250 Heißwasser-/Heißluftlagerung)

Experimentelle Untersuchungen

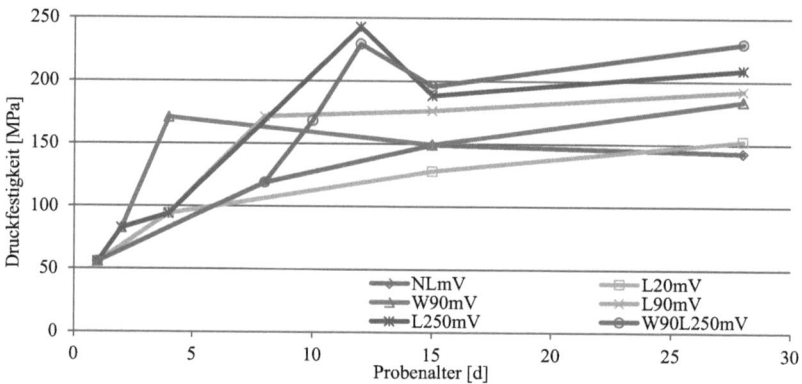

Abbildung 72: Druckfestigkeitsentwicklung der Mischungen mit Vakuum in Abhängigkeit von der Nachbehandlungsmethode (mV mit Vakuum, NL Normlagerung, W90 Heißwasserlagerung 90°C, L90 Luftlagerung 90 °C, L250 Luftlagerung 250 °C, W90L250 Heißwasser-/Heißluftlagerung)

In Abbildung 73 werden wieder der Einfluss des Vakuummischprozesses und der jeweiligen Nachbehandlungsmethode getrennt dargestellt. Wie bei der Spaltzugfestigkeit kam es auch hier zu einem negativen Einfluss durch die Lagerung an Raumluft bei der Reihe L20, der aber wieder durch den Vakuummischprozess mehr als kompensiert wurde. Bei der Reihe L90 zeigte sich wieder ein geringer negativer Einfluss des Vakuummischprozesses nach 15 Tagen. Der Anteil des Vakuummischprozesses an der Druckfestigkeitssteigerung war generell sehr groß und überstieg teilweise den Anteil der Nachbehandlung. Interessant erscheint die genauere Betrachtung der Nachbehandlungsmethode W90L250 (Heißwasser/Heißluft). Führte diese Nachbehandlung bei der Biege- und der Spaltzugfestigkeit zur größten Festigkeitssteigerung, so wurde sie bei der Steigerung der Druckfestigkeit von L250 (250 °C Heißluft) übertroffen. In Kombination mit dem Vakuummischprozess stellte sich bei der Biegezugfestigkeit ein deutlich negativer Effekt ein und bei der Spaltzugfestigkeit eine eher nur mittelmäßige Verbesserung. Bei der Druckfestigkeit aber war der Anteil des Vakuummischprozesses viel höher, sodass die Kombination W90L250 und Vakuum zur größten Festigkeitssteigerung in Bezug auf die Referenzlagerung NL führte.

Experimentelle Untersuchungen

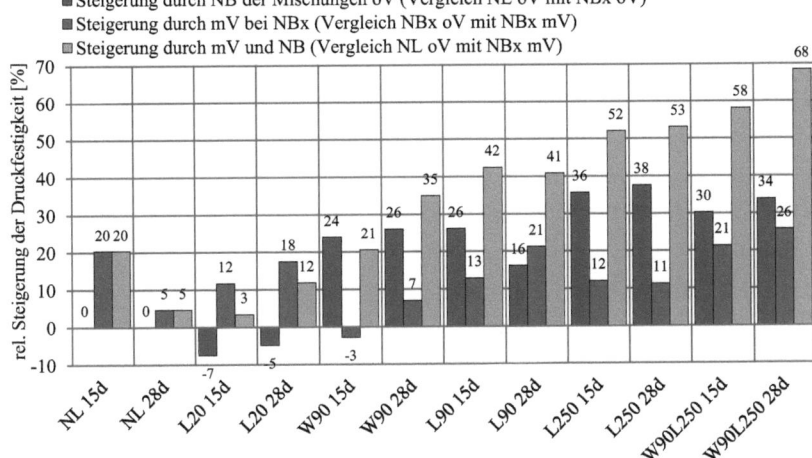

Abbildung 73: Relative Steigerung der Druckfestigkeit bei einem Probenalter von 15 bzw. 28 Tagen getrennt nach dem Einfluss des Vakuummischprozesses, der Nachbehandlungsmethode beider Maßnahmen (oV ohne Vakuum, mV mit Vakuum, NBx: NL Normlagerung, W90 Heißwasserlagerung 90°C, L90 Luftlagerung 90 °C, L250 Luftlagerung 250 °C, W90L250 Heißwasser-/Heißluftlagerung)

An dieser Stelle sei angemerkt, dass die drei Festigkeitswerte (Biegezug-, Spaltzug- und Druckfestigkeit) an denselben drei Prismen ermittelt wurden. Das zeigt die unterschiedlichen Auswirkungen einer Maßnahme auf unterschiedliche Eigenschaften des Betons. Eine Maßnahme, die zur Erhöhung der Druckfestigkeit führt, muss beispielsweise nicht auch zwangsläufig die Biegezugfestigkeit steigern. Eine getrennte Betrachtung der Maßnahmen und deren Auswirkungen auf jede einzelne Eigenschaft des Betons sind daher unumgänglich.

Aus dieser Versuchsreihe lässt sich ableiten, dass die in Bezug auf eine Druckfestigkeitssteigerung sehr leistungsfähigen Wärmenachbehandlungen in Kombination mit dem Vakuummischprozess die Druckfestigkeit noch beträchtlich mehr steigern können.

Experimentelle Untersuchungen

4.3.4 Untersuchungen zur Porosität mit dem Quecksilberporosimeter

Für poröse Materialien gibt es eine Reihe unterschiedlicher Klassifizierungsmöglichkeiten. Die Einteilung kann nach Größe oder auch Struktur der Poren erfolgen. Poren haben in den seltensten Fällen eine regelmäßige Form, die sich etwa anhand eines Radius eindeutig beschreiben lässt. Für eine Einteilung nach der Größe der Poren wird daher von der wahren Form abstrahiert. Die Begriffe Porengröße oder Porenweite beziehen sich daher auf die kleinste geometrische Dimension einer Pore [182]. Nach [183] können daher folgende Porengrößenbereiche unterschieden werden:

- Mikroporen mit einer Weite kleiner als 2 nm,
- Mesoporen mit einer Weite von 2 nm bis 50 nm,
- Makroporen mit einer Weite größer als 50 nm.

In Tabelle 10 ist die daraus folgende und in dieser Arbeit verwendete Einteilung der Porengröße zusammengestellt.

Tabelle 10: Einteilung der Porengröße nach [183] und [184]

Porenart		Größenbereich	Herkunft/Ursache
Verdichtungsporen	Grobporen	> 2 mm	Verdichten
Luftporen	Makrokapillaren	50 µm – 2 mm	Luftporenbildner
Kapillarporen	Kapillaren	2 µm – 50 µm	w/z-Wert
	Mikrokapillaren	50 nm – 2µm	
Gelporen	Mesoporen	2 nm – 50 nm	Hydration und Zementart
	Mikroporen	< 2 nm	

In der Abbildung 74 sind die Porengrößenverteilungen und die Porenvolumina aller Mischungen bei den unterschiedlichen Nachbehandlungsmethoden in einer Übersicht dargestellt.

Zuerst soll die Porengrößenverteilung, für die eine Histogrammdarstellung gewählt wurde, diskutiert werden.

Experimentelle Untersuchungen

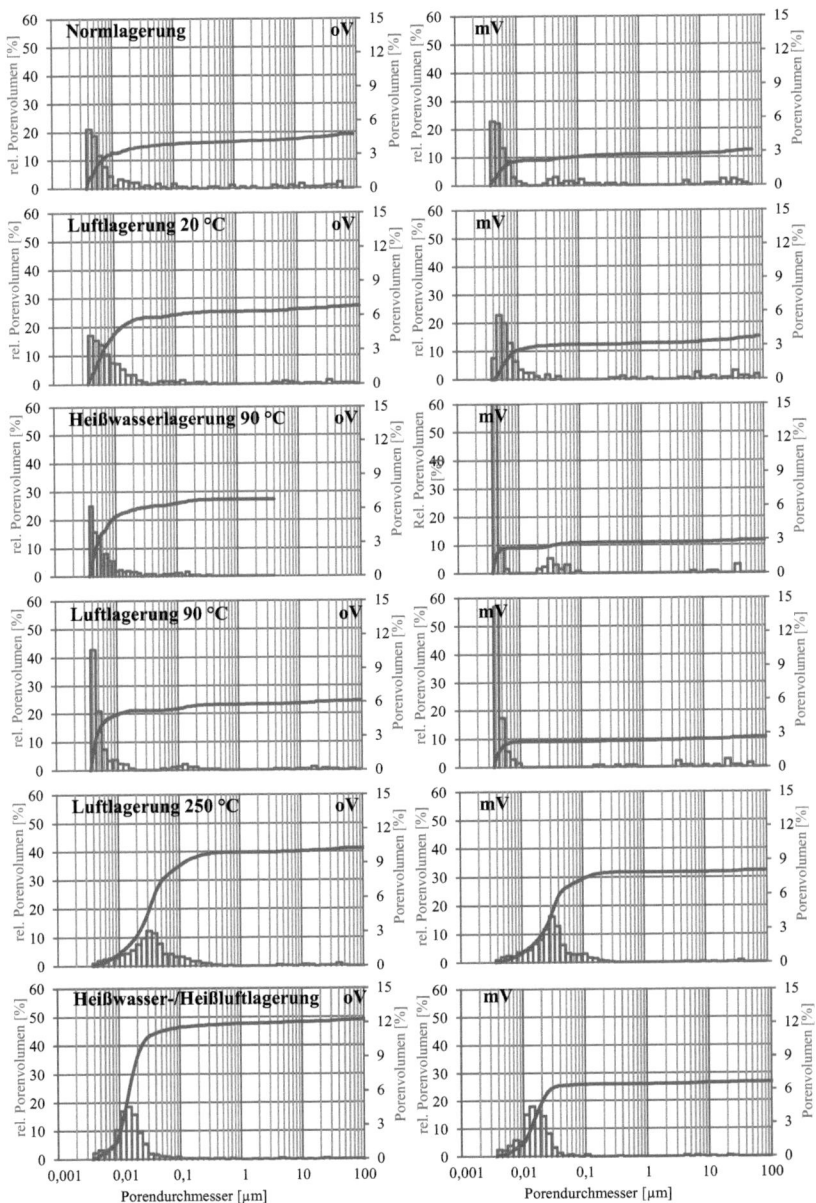

Abbildung 74: Porengrößenverteilung und Porenvolumen aller Mischungen
(oV ohne Vakuum, mV mit Vakuum)

Es ist auf den ersten Blick zu erkennen, dass die Porengrößenverteilung bei den Nachbehandlungsmethoden L250 und W90L250 deutlich von jenen der anderen abweicht. Das ist auf die hohen Temperaturen von über 200 °C während der Nachbehandlung zurückzuführen und soll später betrachtet werden. Zunächst ist festzustellen, dass der überwiegende Anteil der Poren im Bereich < 50 nm liegt und somit als Mesoporen bezeichnet und den Gelporen zugeordnet werden kann.

Andererseits wurden praktisch keine Poren > 50 µm festgestellt, die als Makrokapillaren den Luftporen zuzuordnen wären. Dazwischen liegt der Bereich, der als Kapillarporosität bezeichnet wird. In Abbildung 75 ist der Anteil der Gelporen und der Kapillarporen an der Gesamtporosität dargestellt. Beim normalgelagerten Beton (NL) betrug der Anteil der Kapillarporen 21 %. Durch die Luftlagerung (L20) verringerte sich die Kapillarporosität auf 14 % und bei der 90 °C-Heißwasserlagerung (W90) sogar auf 8 %. Die Nachbehandlung bei 90 °C-Heißluft (L90) führte zu einem Kapillarporenanteil von 13 %. Ein Vergleich der Porosität zwischen den ohne Vakuum (oV) gemischten und den vakuumgemischten (mV) Betonen zeigt, dass bei diesen vier Nachbehandlungsarten der Anteil der Kapillarporen durch den Vakuummischprozess geringfügig erhöht wurde.

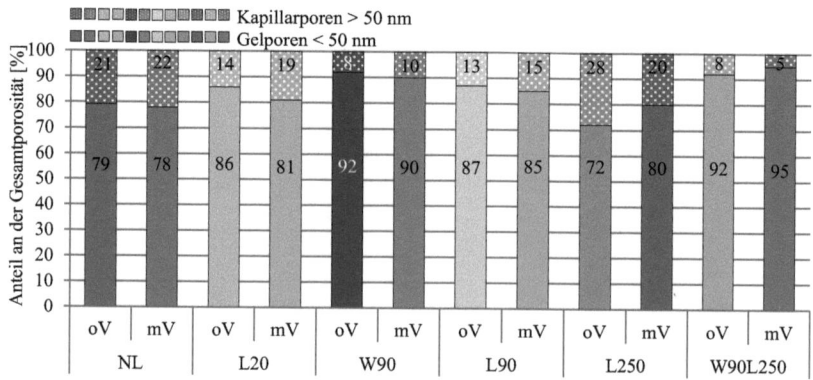

Abbildung 75: Anteil der Gelporen und der Kapillarporen an der Gesamtporosität aller Betone (oV ohne Vakuum, mV mit Vakuum, NL Normlagerung, L20 Luftlagerung 20 °C, W90 Heißwasserlagerung 90 °C, L90 Luftlagerung 90 °C, L250 Luftlagerung 250 °C, W90L250 Heißwasser-/Heißluftlagerung)

Durch die Nachbehandlung bei 250 °C Heißluft (L250) änderte sich die Porengrößenverteilung und verschob sich hin zu größeren Poren. Der Anteil der Kapillarporen erhöhte sich dadurch auf 28 %. Einer ähnliche Porenverteilung wies auch der Beton auf, der einer kombinierten Heißwasser-/Heißluftlagerung (W90L250) zugeführt wurde. Die Verschiebung in Richtung größerer Poren fiel offenbar durch die vor der Heißluftlagerung ausgeführte Heißwasserlagerung nicht so stark aus, sodass ein Großteil der Poren im Gelporenbereich verblieben ist, und die Kapillarporosität hier nur 8 % betrug. Bei diesen beiden Nachbehandlungsmethoden verringerte der Vakuummischprozess die Kapillarporosität.

In Abbildung 76 ist die Gesamtporosität der Betone, getrennt nach dem Anteil der Gelporen und der Kapillarporen, resultierend aus den jeweiligen Herstellungs- und Nachbehandlungsmethoden, dargestellt. Die Gesamtporosität stellt das Verhältnis von Porenvolumen zu Probenvolumen dar, und wird in Prozent angegeben. Die Gesamtporosität des normgelagerten Betons betrug 4,8 Vol.-%. Bei allen anderen Nachbehandlungsmethoden wurde eine höhere Gesamtporosität festgestellt. Die höchste Gesamtporosität stellte sich bei den beiden Nachbehandlungen mit Heißluft über 200 °C ein, wobei der zuvor mit Heißwasser behandelte Beton (W90L250) eine etwas höhere Gesamtporosität aufwies als der nur bei Heißluft nachbehandelte Beton. Bei den 90 °C-Nachbehandlungen war die Gesamtporosität beim heißluftbehandelten Beton (L90) etwas niedriger als beim heißwassergelagerten Beton (W90).

Experimentelle Untersuchungen

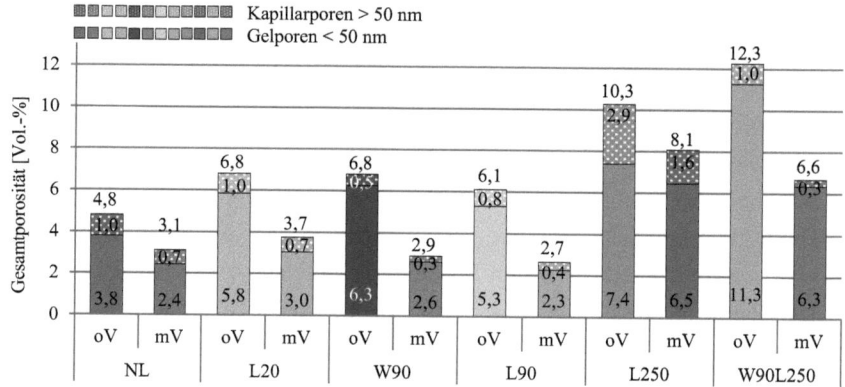

Abbildung 76: Gesamtporosität aller Betone (oV ohne Vakuum, mV mit Vakuum, NL Normlagerung, L20 Luftlagerung 20 °C, W90 Heißwasserlagerung 90 °C, L90 Luftlagerung 90 °C, L250 Luftlagerung 250 °C, W90L250 Heißwasser-/Heißluftlagerung)

Bemerkenswert war, dass bei allen Nachbehandlungsmethoden die Gesamtporosität der vakuumgemischten Betone deutlich unter jener der ohne Vakuum gemischten Betone lag. Die Porengrößenverteilung wurde jedoch maßgeblich von der Nachbehandlungsmethode bestimmt, der Einfluss des Vakuummischprozesses darauf war gering (Abbildung 74).

Durch den Vakuummischprozess werden nicht nur Verdichtungsporen und Luftporen aus dem Frischbeton entfernt, sondern auch die Porosität des Festbetons im Bereich der Kapillar- und der Gelporen beträchtlich verringert.

4.3.5 Schlussfolgerungen aus den Untersuchungen zu Vakuummischprozess in Kombination mit unterschiedlichen Nachbehandlungsmethoden

Die leicht veränderte Betonrezeptur aus Abschnitt 4.2 führte zu einer Erhöhung des Ausbreitmaßes, d.h. der Frischbeton war nicht mehr steifplastisch, sondern konnte schon als plastisch bezeichnet werden. Der Beton war dadurch besser zu verarbeiten. In dieser Untersuchungsreihe konnte der Luftgehalt des Frischbetons durch das Mischen bei 60 mbar über zwei Minuten von 5,5 % auf 0,8 % verringert werden. Das entspricht einer

Reduktion des Luftgehaltes um 86 %.

Bei der getrennten Betrachtung der Festigkeitssteigerungen nach dem Anteil aus der Nachbehandlung und aus dem Vakuummischprozess zeigte sich, dass beide Maßnahmen zur Festigkeitssteigerung sehr gut miteinander harmonierten. Bei den maßgebenden Festigkeitswerten nach 28 Tagen lieferte der Vakuummischprozess meist einen beträchtlichen, manchmal sogar den überwiegenden Anteil an der Gesamtfestigkeitssteigerung. Nur bei der Biegezugfestigkeit wurde bei einer Nachbehandlungsmethode (W90L250 – 90°C-Heißwasser/250 °C-Heißluft) ein negativer Einfluss des Vakuummischprozesses festgestellt. Es wurde auch ersichtlich, dass der Vakuummischprozess bei derselben Nachbehandlung unterschiedlich stark bzw. sogar gegenläufige Auswirkungen auf die unterschiedlichen Festigkeiten hatte.

Der Vakuummischprozess beeinflusste die Porengrößenverteilung nur wenig, verringerte aber die Gesamtporosität beträchtlich und hatte so auch einen deutlichen Einfluss auf die Mikrostruktur des Betons.

4.4 Vakuummischprozess und Fasern

In dieser Versuchsreihe wurde der Einfluss unterschiedlicher Fasern auf die Frisch- und Festbetoneigenschaften in Folge eines Vakuummischprozesses untersucht. Im speziellen sollten Erkenntnisse darüber gewonnen werden, wie hoch der zusätzliche Lufteintrag durch unterschiedliche Fasern in den Frischbeton tatsächlich ist, und ob es mittels Vakuummischprozess möglich ist, diesen erhöhten Lufteintrag wieder zu reduzieren. Alle Mischungen wurden daher jeweils mit und ohne Vakuummischprozess hergestellt.

4.4.1 Mischungsentwurf und Versuchsplanung

Die Mischungszusammensetzung für diese Versuchsreihe ist in Tabelle 11 zusammengestellt. Sie unterschied sich wesentlich von jener der beiden vorangegangen Versuchsreihen (vgl. Abschnitt 4.2.1 und 4.3.1). Da die Konsistenz der ersten Mischreihe nicht zufriedenstellend war, wurde diese Mischung einer Optimierung unterzogen. Beibehalten wurde lediglich die Type des Mikrosilikas, die Zementsorte und der w/z-Wert von 0,26. Im ersten Schritt wurde die Zusammensetzung der Feinteile grundlegend verändert. Der Mikrosilika-Anteil wurde von 20 % auf 25 % und der Quarzmehl-Anteil von 9,2 % auf 42 %, jeweils bezogen auf das Zementgewicht, erhöht. Die Type des Quarzmehls wurde ebenfalls verändert. Das feine Quarzmehl 16900 (spez. Oberfläche 16900 cm²/g) wurde durch das etwas gröbere Quarzmehl 10000 (spez. Oberfläche 10000 cm²/g) ersetzt. So konnte ein optimaler V_W/V_F-Wert von 0,44 erreicht werden. Durch die Verwendung eines Quarzsandes 0,1-0,5 mm erfolgte einerseits eine Reduktion des Größtkorns von 1 mm auf 0,5 mm und andererseits eine klarere Abgrenzung zur Größe der Feinteile des Bindemittelleims. Das Sandvolumen wurde von 462,5 l/m³ auf 330 l/m³ drastisch reduziert. Zuletzt wurde ein anderes Fließmittel (ebenfalls auf Polycarboxylatether-Basis) verwendet und die Dosierung von 7 % auf 5 %, bezogen auf das Zementgewicht, reduziert. Der Zementgehalt der Mischung erhöhte sich dabei von 700 kg/m³ auf 732 kg/m³. Alle diese Optimierungsmaßnahmen wurden durch laufende Berechnungen der Packungsdichte nach dem Modell von *Schwanda* (vgl. Abschnitt 2.3.3.4) begleitet. Die Packungsdichte des Betons wurde durch die beschriebene

Änderung der Zusammensetzung von 70 % auf 73 % gesteigert.

Tabelle 11: Mischungszusammensetzung für 1 m³ Beton

Ausgangsstoffe	Masse [kg/m³]
Portlandzement CEM I 42,5 R C$_3$A-frei (CEM)	732,00
Mikrosilika (MS)	183,00
Quarzmehl 16900 (QM)	307,00
Quarzsand 0,1-0,5 (QS)	874,00 [1)]
Fasern (F)	variabel [1)]
Fließmittel auf PCE-Basis (FM)	36,60
Wasser inkl. flüssiger FM-Anteil	190,00
Wasserzementwert w/z	0,26
Wasserbindemittelwert w/b (k-Wert für MS =1)	0,21
Volumenverhältnis Wasser/Feinteile V_W/V_F	0,44

[1)] Für die Mischungen mit Fasern wurde das Volumen der jeweiligen Fasern vom Volumen des Sandes abgezogen

Der Mischprozess (Tabelle 12) wurde ebenfalls grundlegend geändert. Es erfolgte keine getrennte Trockenmischphase der Feinteile mehr. Alle trockenen Bestandteile wurden in der ersten Mischphase gemeinsam homogenisiert. Das gesamte Fließmittel wurde gleichzeitig mit dem Wasser zugegeben und nicht mehr in zwei Schritten. Anschließend folgte eine Intensivmischphase von 90 s. Die Wirblerdrehzahl wurde von Beginn an deutlich erhöht. Die Entlüftungsphase (bzw. Nachmischphase bei den Mischungen ohne Vakuum) erfolgte zwar wieder mit 250 U/min, wurde aber von 2 min auf 90 s verkürzt. Die gesamte Mischdauer betrug daher nicht mehr 10 min, wie in Abschnitt 4.3, sondern nur mehr 5 min.

Tabelle 12: Reihenfolge der Mischphasen, Dauer der Mischphasen und Werkzeuggeschwindigkeit (CEM Zement, MS Mikrosilika, QM Quarzmehl, QS Quarzsand, F Fasern, FM Fließmittel)

Mischphase	Dauer [s]	Wirblerdrehzahl [U/min]	Wirblergeschw. [m/s]
Trockenmischen (CEM, MS, QM, QS, F)	90	1250	8,2
Zugabe Wasser mit FM	30	1250	8,2
Intensivmischen	90	1250	8,2
Entlüften [80 mbar] bzw. Nachmischen	90	250	1,6
Gesamtmischdauer	300	-	

In unzähligen Vorversuchen wurde festgestellt, dass die Optimierungsmaßnahmen an der Betonzusammensetzung in Kombination mit dem schnellen und intensiven Mischprozess auch Nachteile ergaben. Die Frischbetontemperatur erreichte bis zu 40 °C, was ein Entlüften bei 60 mbar wegen der Verdampfung von Wasser aus der Mischung unmöglich machte. Der Unterdruck musste daher auf 80 mbar erhöht werden. Schließlich neigte der Beton zur Bildung der sogenannten „Elefantenhaut" (vgl. Abschnitt 2.5.6). Das ist einerseits auf oberflächliches Verdunsten von Wasser auf Grund der hohen Frischbetontemperatur oder von Witterungsbedingungen (Wind, Sonneneinstrahlung) und andererseits auf den wesentlich höheren Feinstoffanteil des Betons zurückzuführen. Die Bildung einer „Elefantenhaut" kann so schnell und intensiv sein, dass die Luftblasen nicht mehr an die Oberfläche gelangen können. Auch ein Öffnen der entstehenden Blasen durch Abziehen mit einer Kelle kann unmöglich werden. Die Luft sammelt sich unter der Oberfläche und bildet eine mehrere Millimeter dicke und poröse Schicht, die sich später auch ablösen kann. Ein derartiger Beton ist praktisch nicht brauchbar. Diese Erfahrung musste während der Vorversuche einige Male gemacht werden. Sollte eine starke Bildung einer „Elefantenhaut" auftreten, kann nur empfohlen werden, die Mischungszusammensetzung und/oder den Mischprozess zu überarbeiten. Das hat im Rahmen der Vorversuche die Neigung des Betons zur Bildung einer Elefantenhaut verringert. Eine Kühlung der Ausgangsstoffe (gekühlter Lagerraum) oder während des Mischens (z.B. gekühlter Mischbehälter, Wasserzugabe in Form von Eis) kann ebenfalls eine Verbesserung bringen, um die Frischbetontemperatur niedrig zu halten und so das unerwünschte Verdunsten von Wasser zu reduzieren. Derartige Maßnahmen wurden während der Versuche nicht angewendet.

Im konkreten Fall war diese „Elefantenhaut"-Bildung der optimierten Mischung letztlich nicht so stark ausgebildet, dass sie die Verarbeitung oder das Entlüften beim Rütteln gestört oder behindert hätte.

In der Tabelle 13 sind die Arten den verwendeten Fasertypen und deren wichtigsten Eigenschaften aufgelistet.

Tabelle 13: Faserart und Eigenschaften der verwendeten Fasern (Herstellerangaben)

Faserart (Abkürzung)	Länge/Durchmesser [mm]	Zugfestigkeit [MPa]	E-Modul [GPa]
AR-Glasfasern (GF)	12/0,014	3500	72
Basaltfasern (BF)	6/0,02 12/0,02	3400	100
Polyvinylalkoholfasern (PVA)	6/0,013	1830	40
Stahlfasern (SF)	6/0,4	1250	210
	6/0,175	2500	210
	12/0,4	1250	210
Polypropylenfasern (PP)	6/0,015	300	10
Carbon-Nanotubes (CNT)	0,001/0,000015	k.A.	k.A.
AR alkaliresistent k.A. keine Angabe			

Ein Überblick über die gesamte Versuchsreihe gibt Tabelle 14. Es wurden die 6 genannten Fasertypen verwendet, wobei bei einigen Fasertypen auch die Faserlänge bzw. der Faseranteil variiert wurde. Bei 6 Mischungen wurden Stahlfasern und Polypropylenfasern bzw. Carbon-Nanotubes als sogenannte „Fasercocktails" verwendet. Die Carbon-Nanotubes wurden mit einem Ultraschallfinger im Zugabewasser 10 min dispergiert. Es erfolgte keine oxidative Vorbehandlung. Die angegebene Menge von 0,5 bzw. 1,0 g bezieht sich auf eine Mischungsgröße von 2,7 dm³. Von den 6 mm langen Stahlfasern kamen zwei unterschiedliche Faserdurchmeser (0,4 mm und 0,175 mm) zum Einsatz. Daraus ergaben sich wesentliche Unterschiede in

Experimentelle Untersuchungen

Bezug auf das Verhältnis von Faserlänge zum Faserdurchmesser und in Bezug auf die Anzahl der Einzelfasern bei gleicher Zugabemenge. Wiesen die dicken Stahlfasern ein eher ungünstiges Verhältnis l/d = 6 auf, so war das Verhältnis l/d = 34 bei den dünneren Stahlfaser wesentlich besser. Das entsprach in etwa dem Verhältnis l/d = 30 der 12 mm langen Stahlfasern. Bei gleicher Zugabemenge war die Anzahl der Einzelfasern bei den dünnen Stahlfasern 5,2-mal höher als bei den dickeren.

Tabelle 14: Überblick über die Mischungsbezeichnungen und die jeweils verwendete Faserart und den Fasergehalt (GF Glasfasern, BF Basaltfasern, PVA Polyvinylalkoholfasern, SF Stahlfasern, CNT Carbon-Nanotubes, PP Polypropylenfasern)

Nr.	Mischungs-bezeichnung	Faserart und Fasergehalt	Anzahl Einzel-fasern pro cm³ Beton
1	M0	Referenzmischung ohne Fasern	-
2	M1	GF 12 mm, 0,5 Vol.-%	1330
3	M2	GF 12 mm, 1,0 Vol.-%	2660
4	M3	BF 6 mm, 1,0 Vol.-%	5300
5	M4	BF 12 mm, 1,0 Vol.-%	2650
6	M5	PVA 6 mm, 0,44 Vol.-%	5530
7	M6	SF 6/0,4 mm, 2,5 Vol.-%	34
8	M7	SF 12/0,4 mm, 2,5 Vol.-%	17
9	M8	SF 6/0,4 + 12/0,4 mm, 3,5 Vol.-% [2]	13/17
10	M9	Carbon-Nanotubes 0,5 g [1]	-
11	M10	Carbon-Nanotubes 1,0 g [1]	-
12	M11	SF 6/0,4 mm, 2,5 Vol.-% + CNT 1,0 g [1]	34
13	M12	SF 12/0,4 mm, 2,5 Vol.-% + CNT 1,0 g [1]	17
14	M13	SF 6/0,4 mm, 2,5 Vol.-% + PP 6 mm, 0,33 Vol.-%	13/2160
15	M14	SF 12/0,4 mm, 2,5 Vol.-% + PP 6 mm, 0,33 Vol.-%	17/2160
16	M15	SF 6/0,4 + SF 12/0,4 mm, 3,5 Vol.-% [2] + + PP 6mm, 0,33 Vol.-%	13/17/2160
17	M16	SF 6/0,175 mm, 2,5 Vol.-%	170
18	M17	SF 6/0,175 + SF 12/0,4 mm, 3,5 Vol.-% [2]	70/17
19	M18	SF 6/0,175 + SF 12/0,4 mm, 3,5 Vol.-% [2] + + PP 6 mm, 0,33 Vol.-%	70/17/2160

[1] bezogen auf eine Mischungsgröße von 2,7 dm³
[2] 1,0 Vol.-% SF 6mm + 2,5 Vol.-% SF 12 mm

Experimentelle Untersuchungen

Jede dieser 19 Mischungen wurde zwei Mal mit (mV) und zwei Mal ohne Vakuum (oV) hergestellt. Aus jeder Mischung wurden 10 Probekörper mit den Abmessungen 40x40x160 mm betoniert (30 s Rütteltisch) und je drei davon nach 7, 28 und 56 Tagen auf ihre Festigkeit geprüft. Am 10. Prisma wurden über eine Dauer von 28 Tagen Schwindmessungen durchgeführt. Die Probekörper aus je einer Mischung wurden einer 90 °C-Heißwasserbehandlung (W90) zugeführt und danach bei 20 °C im Wasserbecken bis zur Prüfung gelagert. Die anderen Probekörper wurden bis zur Prüfung bei 20 °C im Wasserbecken gelagert (W20). Insgesamt wurden also aus 76 Mischungen 760 Prismen hergestellt und geprüft.

4.4.2 Frischbetonprüfung

Zur Bestimmung des Luftgehalts und der Frischbetonrohdichte der in Tabelle 14 zusammengestellten Mischungen wurde der Beton im Unterteil des Luftporentopfes 30 s auf dem Rütteltisch verdichtet. Abbildung 77 gibt einen Überblick über den Luftgehalt aller Mischungen. Da wegen der geplanten unterschiedlichen Nachbehandlungen jede Mischung zwei Mal herstellt wurde, handelt es sich dabei jeweils um den Mittelwert aus zwei Mischungen.

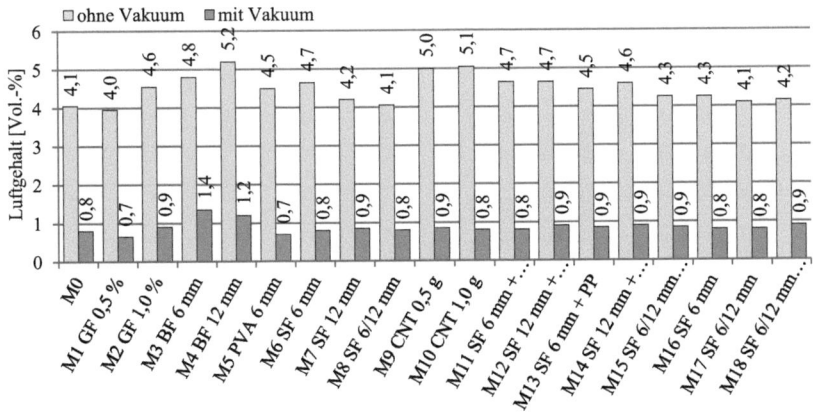

Abbildung 77: Übersicht über den Luftgehalt aller Mischungen als Mittelwert aus je zwei Mischungen (M0-18 Mischungsbezeichnung lt. Tabelle 14, GF Glasfasern, BF Basaltfasern, PVA Polyvinylalkoholfasern, SF Stahlfasern, CNT Carbon-Nanotubes, PP Polypropylenfasern)

Die meisten Mischungen mit Fasern wiesen, wie erwartet, einen etwas höheren Luftgehalt als die Referenzmischung ohne Fasern auf. Der Luftgehalt der Mischungen mit Fasern war im Mittel um ca. 10 % höher als jener der Referenzmischung M0 ohne Fasern. Den höchsten Luftgehalt zeigten die Mischungen mit Basaltfasern (M3 und M4) sowie die Mischungen mit den Carbon-Nanotubes (M9 bis M12). Bei diesen Mischungen lag der Luftgehalt um 20 – 25 % höher als bei der Referenzmischung.

Grundsätzlich ließ sich feststellen, dass mit dem Vakuummischprozess auch die höheren Luftgehalte der Fasermischungen auf das Niveau der vakuumgemischten Referenzmischung ohne Fasern gesenkt werden konnten. Nur die beiden Mischungen M3 und M4 mit den Basaltfasern konnten nicht auf unter 1 % Luftgehalt entlüftet werden. Der zusätzliche Lufteintrag der Kunststofffasern (PVA und PP) erschien in Anbetracht der enormen Anzahl an Einzelfasern geringer als erwartet.

Im Mittel konnte der Luftgehalt durch den Vakuummischprozess um 81 % gegenüber konventioneller Mischung verringert werden.

In Abbildung 78 sind die Frischbetonrohdichten aller Mischungen dargestellt. Die Mischungen mit den Stahlfasern wiesen auf Grund des hohen Gewichts der Fasern eine entsprechend größere Rohdichte im Vergleich zu den anderen Mischungen auf. Grundsätzlich korrespondierte die Frischbetonrohdichte sehr gut mit dem Luftgehalt, d.h. es stimmte die Reduktion des Luftgehaltes mit der Zunahme der Rohdichte der Vakuummischungen überein.

Experimentelle Untersuchungen

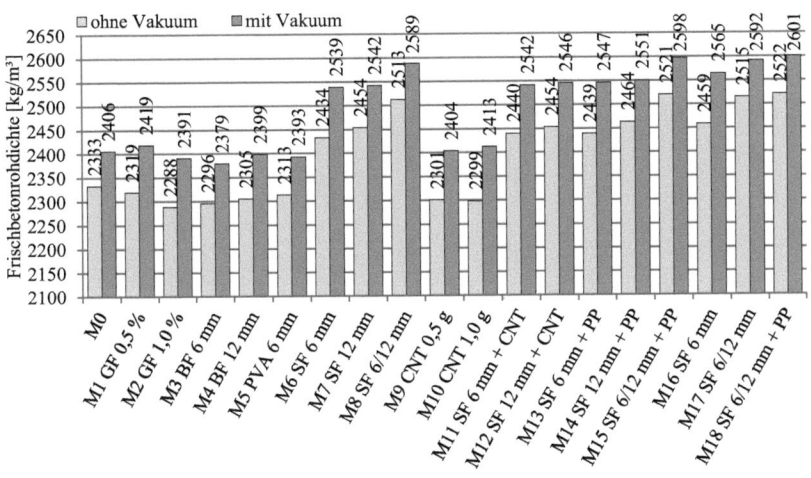

Abbildung 78: Übersicht über die Frischbetonrohdichte aller Mischungen als Mittelwert aus je zwei Mischungen (M0-18 Mischungsbezeichnung lt. Tabelle 14, GF Glasfasern, BF Basaltfasern, PVA Polyvinylalkoholfasern, SF Stahlfasern, CNT Carbon-Nanotubes, PP Polypropylenfasern)

Durch die Optimierung der Mischungszusammensetzung verbesserte sich die Konsistenz erheblich. Das Ausbreitmaß konnte ohne Schocken bestimmt werden und wird daher in weiterer Folge als Ausbreitfließmaß bezeichnet (vgl. Abschnitt 3.2.2). Es betrug bei der Referenzmischung im Mittel 24,5 cm. Die Konsistenz des Frischbetons war daher weich bis sehr weich, was die Verarbeitbarkeit wesentlich verbesserte.

Die Tendenz, dass die Vakuummischungen ein geringeres Ausbreitfließmaß aufwiesen, war auch hier, wie schon in den Abschnitten 4.2.2 und 4.3.2, zu erkennen (Abbildung 79). Die Unterschiede waren aber, außer bei den beiden Mischungen mit Glasfasern (M1 und M2) äußerst gering.

Experimentelle Untersuchungen

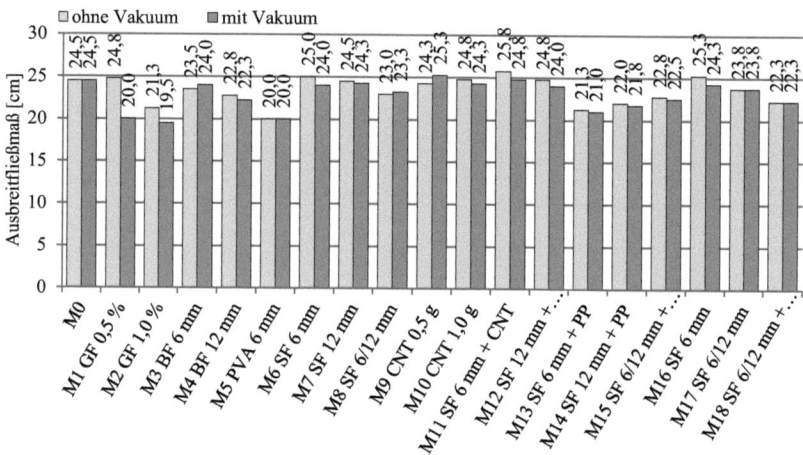

Abbildung 79: Übersicht über das Ausbreitfließmaß aller Mischungen als Mittelwert aus je zwei Mischungen (M0-18 Mischungsbezeichnung lt. Tabelle 14, GF Glasfasern, BF Basaltfasern, PVA Polyvinylalkoholfasern, SF Stahlfasern, CNT Carbon-Nanotubes, PP Polypropylenfasern)

Bei einer weichen Konsistenz wirkt sich die erhöhte Rohdichte auf Grund der Schwerkraft positiv auf das Ausbreitfließmaß aus. Weiters wird das Fließverhalten wesentlich von den Fasern beeinflusst. Dabei haben die Stahlfasern den geringsten Einfluss. Bei einer Dosierung von 2,5 Vol.-% lässt sich kaum ein Unterschied zur Referenzmischung erkennen.

Die Länge der verwendeten Stahlfasern bzw. der Durchmesser scheinen ebenfalls kaum einen Einfluss auf das Ausbreitfließmaß zu haben, obwohl dadurch die Anzahl der Fasern stark variiert. Die Anzahl an Einzelfasern ist hier in jedem Fall verhältnismäßig (im Vergleich zu den anderen Fasern) gering, erst bei den Kombinationen aus 6 mm und 12 mm langen Stahlfasern nimmt das Ausbreitfließmaß leicht ab. Hier beträgt die Dosierung aber auch 3,5 Vol.-% und die Faseranzahl nimmt entsprechend zu.

In Kombination mit den PP-Fasern verschlechtert sich die Konsistenz deutlicher, was vermutlich auf die hohe Anzahl an PP-Fasern zurückzuführen ist. Eine Dosierung von 0,33 Vol.-% dieser 6 mm langen PP-Fasern bedeutet eine Faseranzahl von rd. 2100 Einzelfasern pro cm^3

Beton. Die Mischung M5 (PVA 6 mm) beinhaltet bei einer Dosierung von 0,44 Vol.-% weit über 5000 PVA-Einzelfasern pro cm³ Beton, das Ausbreitfließmaß ist entsprechend gering. Einen vergleichbar hohen Einzelfaseranteil weist aber auch die Mischung M3 (BF 6 mm) auf.

Die Basaltfasern verschlechtern aber offenbar die Konsistenz nicht so stark wie die Kunststofffasern. Vergleicht man die Mischung M4 mit 12 mm langen Basaltfasern mit der Mischung M2 mit 12 mm lagen Glasfasern, so zeigt sich, dass die Konsistenz der Glasfasermischung wesentlich schlechter ausfällt. Beide Fasertypen sind mineralischen Ursprungs und weisen mit ca. 2600 Einzelfasern pro cm³ Beton auch den gleichen Fasergehalt auf, dennoch ergibt sich ein deutlicher Unterschied.

Die Carbon-Nanotubes (M9 und M10) beeinflussen bei dieser Dosierung (0,5 bzw. 1,0 g pro 2,7 dm³ Beton) die Konsistenz kaum. Diese Mischungen weisen im Großen und Ganzen das gleiche Ausbreitfließmaß wie die Referenzmischung auf.

4.4.3 Festbetonprüfung

4.4.3.1 Prüfzeitpunkt
Die Festigkeiten wurden an allen Proben bei einem Betonalter von 7, 28 und 56 Tagen bestimmt. Bei den Festigkeitsangaben handelt sich dabei immer um den Mittelwert aus drei Prüfungen.

4.4.3.2 Biegezugfestigkeit
Die Biegezugfestigkeit konnte durch die Zugabe von Fasern nicht immer gesteigert werden. Dies war aber auch nicht das vorrangige Ziel dieser Arbeit. Es soll das Zusammenspiel von Fasern, Vakuummischprozess und 90 °C – Heißwassernachbehandlung dargestellt werden. In Abbildung 80 und Abbildung 81 sind die Biegezugfestigkeiten der Mischungen bei normaler Wasserlagerung (W20) dargestellt. Auf Grund der großen Anzahl von Mischungen sind für die Darstellung zwei Abbildungen erforderlich. Alle Mischungen weisen erwartungsgemäß einen starken Anstieg der Biegezugfestigkeit vom 7. bis zum 28. Tag auf. Den geringsten Anstieg mit 2,5 % bezogen auf die Festigkeit am 7. Tag weist die Mischung M18 (mit 6

und 12 mm langen Stahlfasern sowie PP-Fasern) auf. Den größten Anstieg liefert die Mischung M6 (mit 6 mm langen Stahlfasern) mit 65,3 %. Im Mittel beträgt die Festigkeitssteigerung, unabhängig vom Mischprozess, 35,2 % innerhalb von 3 Wochen.

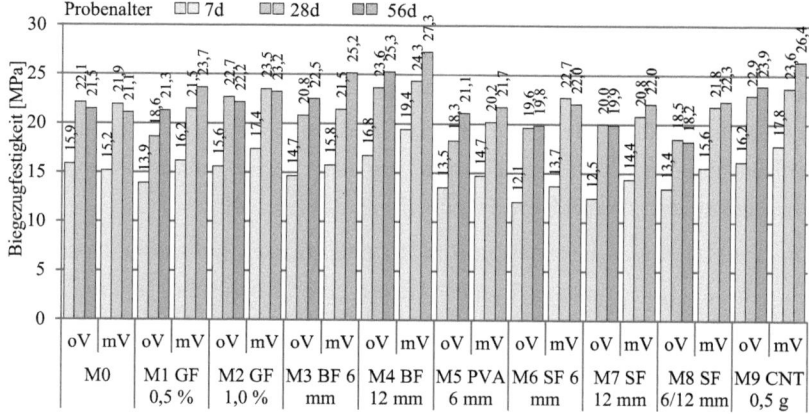

Abbildung 80: Biegezugfestigkeiten der Mischungen M0 bis M9 bei 20 °C-Wasserlagerung nach 7, 28 und 56 Tagen (M0-9 Mischungsbezeichnung lt. Tabelle 14, GF Glasfasern, BF Basaltfasern, PVA Polyvinylalkoholfasern, SF Stahlfasern, CNT Carbon-Nanotubes, PP Polypropylenfasern)

Betrachtet man den Zeitraum zwischen 28 Tagen und 56 Tagen, so erkennt man, dass die Mischungen M0 (ohne Fasern) und M2 (Glasfasern) unabhängig vom Mischprozess sowie die Mischungen M6, M7, M8 und M16 (alle nur mit Stahlfasern) und M15 (Stahlfasern und PP-Fasern) je nach Mischprozess geringfügig an Festigkeit abnehmen. Diese Abnahme beträgt im Mittel 2,9 % und liegt zwischen 8,2 % bei M15 mV und 0,3 % bei M7 oV. Dem gegenüber steht eine Zunahme der Festigkeit aller anderen Mischungen im Mittel um 10,8 %, wobei bei der Mischung M16 mV (mit 6 mm Stahlfasern) nur 0,1 % und bei der Mischung M10 oV (Carbon-Nanotubes) 59,9 % Steigerung verzeichnet werden kann.

Experimentelle Untersuchungen

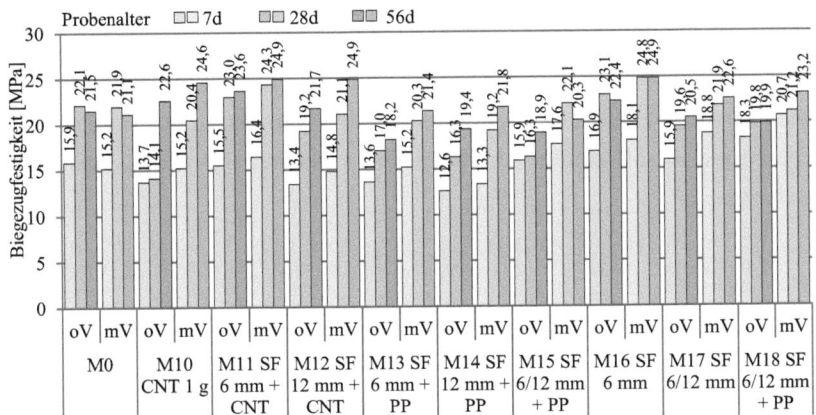

Abbildung 81: Biegezugfestigkeiten der Mischungen M0 und M10 bis M 18 bei 20 °C-Wasserlagerung nach 7, 28 und 56 Tagen (M0, 10-18 Mischungsbezeichnung lt. Tabelle 14, GF Glasfasern, BF Basaltfasern, PVA Polyvinylalkoholfasern, SF Stahlfasern, CNT Carbon-Nanotubes, PP Polypropylenfasern)

Insgesamt betrachtet verbleibt also ein mittlerer Anstieg der Biegezugfestigkeit zwischen dem 28. und dem 56. Tag bei den normal wassergelagerten Proben (W20) von 7,5 %, d.h. die gesamte Festigkeitssteigerung bei Betrachtung aller Mischungen (ohne Unterscheidung des Mischprozesses) vom 7. Tag bis zum 56. Tag beträgt daher im Mittel 44,7 %.

In Abbildung 82 und Abbildung 83 sind die Biegezugfestigkeiten aller Mischungen nach der 90 °C – Heißwasserbehandlung (W90) dargestellt. Die Biegezugfestigkeit liegt bei allen Mischungen zu jedem Prüfzeitpunkt deutlich höher als bei der jeweiligen Mischung bei normaler Wasserlagerung. Im Durchschnitt liegen die Festigkeitswerte der heißwasserbehandelten Proben am 7. Tag um 54 %, am 28. Tag um 30 % und am 56. Tag noch um 21 % höher als die der normalgelagerten Mischungen. Bei fünf Mischungen nimmt die Festigkeit zwischen dem 7. Tag und dem 28. Tag im Mittel um 5,1 % ab. Bei den restlichen Mischungen steigert sich die Festigkeit bis zum 28. Tag im Durchschnitt um 17,7 %. Es verbleibt eine mittlere Zunahme der Biegezugfestigkeit von 14,1 %, d.h. die Heißwasserbehandlung bringt einen wesentlich geringeren

Festigkeitszuwachs als die normale Wasserlagerung (W20) im selben Zeitraum (35,2 %). Zwischen dem 28. Tag und dem 56. Tag ging die Festigkeit bereits bei den meisten Mischungen etwas zurück. Der Biegezugfestigkeitsverlust bei diesen Mischungen betrug im Mittel 4,0 %. Die restlichen Mischungen konnten ihre Festigkeit im Mittel um 5,9 % steigern.

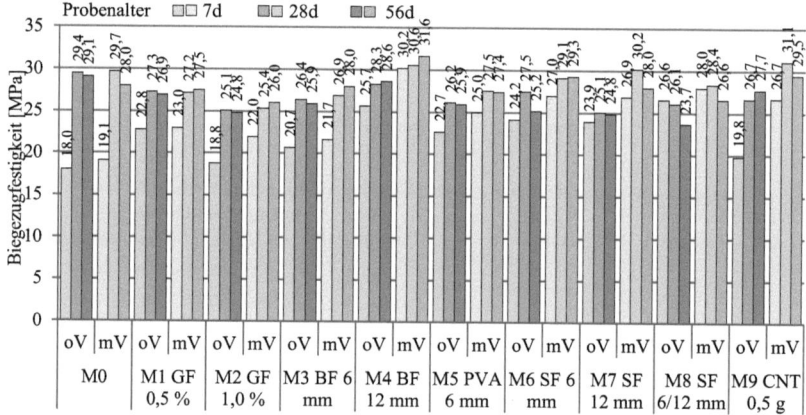

Abbildung 82: Biegezugfestigkeiten der Mischungen M0 bis M9 bei 90 °C-Heißwasserlagerung nach 7, 28 und 56 Tagen (M0-9 Mischungsbezeichnung lt. Tabelle 14, GF Glasfasern, BF Basaltfasern, PVA Polyvinylalkoholfasern, SF Stahlfasern, CNT Carbon-Nanotubes, PP Polypropylenfasern)

Bei der Betrachtung aller Mischungen verbleibt somit im Durchschnitt eine nicht nennenswerte Steigerung von nur 0,1 % vom 28. Tag bis zum 56. Tag.

Experimentelle Untersuchungen

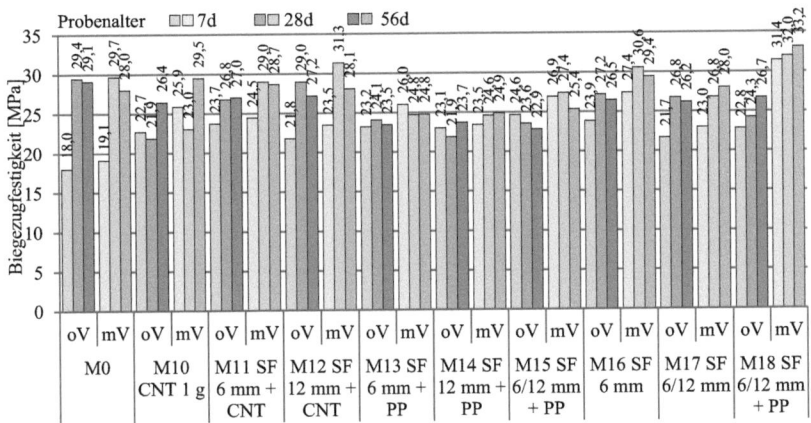

Abbildung 83: Biegezugfestigkeiten der Mischungen M0 und M10 bis M18 bei 90 °C-Heißwasserlagerung nach 7, 28 und 56 Tagen (M0, 10-18 Mischungsbezeichnung lt. Tabelle 14, GF Glasfasern, BF Basaltfasern, PVA Polyvinylalkoholfasern, SF Stahlfasern, CNT Carbon-Nanotubes, PP Polypropylenfasern)

Insgesamt stellt sich bei der Betrachtung aller heißwasserbehandelten Mischungen eine Festigkeitssteigerung vom 7. bis zum 56. Tag von durchschnittlich 13,9 % ein.

Eine Heißwasserbehandlung bei 90 °C wirkte sich auch in dieser Versuchsreihe sehr positiv auf die Biegezugfestigkeit aus. Die Festigkeitssteigerung der Mischungen bei der 20 °C-Wasserlagerung war nach dem 7. Tag relativ gesehen zwar wesentlich größer, der Vorsprung durch die Heißwasserbehandlung konnte aber nicht aufgeholt werden, sodass die Biegezugfestigkeit der heißwassergelagerten Proben am 56. Tag deutlich über jener der normal wassergelagerten Proben lag.

Um diesen Sachverhalt auch zu veranschaulichen, ist in Abbildung 84 die Entwicklung der Biegezugfestigkeit vom 7. bis zum 56. Tag dargestellt. Es handelt sich dabei jeweils um die Mittelwerte aller Proben bei der jeweiligen Nachbehandlung (ohne Unterscheidung der Mischprozesse).

Experimentelle Untersuchungen

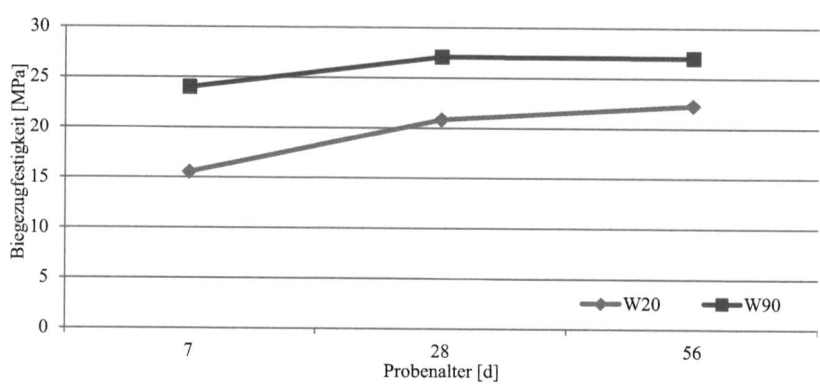

Abbildung 84: Vergleich der Biegezugfestigkeitsentwicklung der kaltwasser-(W20) und der heißwassergelagerten (W90) Probekörper (Mittelwerte)

Um den Einfluss der Fasern, des Vakuummischprozesse und der Kombination aus Fasern und Vakuum auf die Festigkeit der Probekörper zu erfassen, ist Abbildung 85 die relative Steigerung der Festigkeit durch den jeweiligen Einfluss auf die bei 20 °C wassergelagerten Proben dargestellt.

Aus dem Vergleich der einzelnen nicht unter Vakuum gemischten Fasermischungen M1 oV bis M18 oV mit der ebenfalls nicht vakuumgemischten Referenzmischung M0 oV ohne Fasern ergibt sich der Einfluss der Fasern auf die Festigkeitssteigerung in Bezug auf M0 oV (blaue Säulen). Es ist deutlich ersichtlich, dass die meisten Fasermischungen eine geringere Biegezugfestigkeit aufweisen als die Bezugsmischung ohne Fasern. Der Einfluss ändert sich meist während der Festigkeitsentwicklung der Mischungen und kehrt sich bei manchen Mischungen im Laufe der Zeit sogar um.

Die roten Säulen in der Abbildung stellen die Einflüsse des Vakuummischprozesses bei jeder Mischung dar. Die Basiswerte sind die Biegezugfestigkeit der Mischungen ohne Vakuum (Mx oV) im Vergleich zur jeweiligen Mischung mit Vakuum (Mx mV).

Da die Mischung M0 als Bezugsmischung nicht in der Abbildung aufscheint, wird zum Vergleich festgehalten, dass sich deren Festigkeit durch den Vakuummischprozess bei 7 Tagen um 4 %, bei 28 Tagen um 1 % und bei 56 Tagen um 2 % verringert. Im Gegensatz dazu hat der Vakuummischprozess bei allen Fasermischungen und zu jedem Prüfzeitpunkt zu einer teilweise beachtlichen Steigerung der Festigkeit geführt.

Die Ergebnisse zeigen, dass sich der Einsatz von Fasern und das Mischen unter Vakuum gut kombinieren lassen, weil es durch den Vakuummischprozess nie zu einer Verringerung der Festigkeit kommt. Dies ist umso bemerkenswerter, weil die Mischung M0 und auch Mischungen aus den vorherigen Abschnitten gezeigt haben, dass der Vakuummischprozess bei Mischungen ohne Fasern die Biegezugfestigkeit verringern kann.

Bei der Betrachtung der grünen Säulen, die hier die Gesamtsteigerung durch die Kombination Fasern und Vakuum in Bezug auf M0 oV darstellen, ist zu erkennen, dass die beiden Einflüsse wieder tendenziell additiv sind. Ein negativer Einfluss der Fasern wird durch den positiven Einfluss des Vakuummischprozesses abgeschwächt, bzw. es kommt zu einem positiven Einfluss der Fasern der positive Einfluss des Vakuummischprozesses noch hinzu.

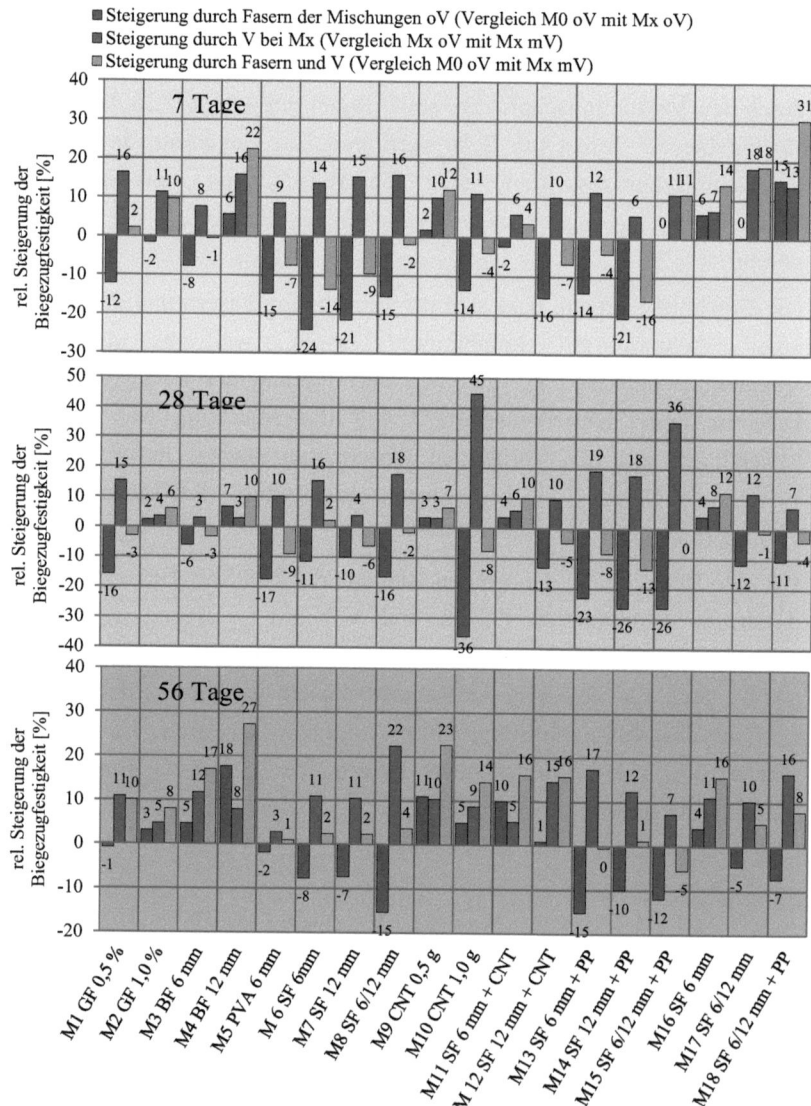

Abbildung 85: Relative Steigerung der Biegezugfestigkeit bei einem Probenalter von 7, 28 und 56 Tagen, getrennt nach dem Einfluss der Faserzugabe, des Vakuummischprozesses und beider Maßnahmen bei 20 °C-Wasserlagerung (oV ohne Vakuum, mV mit Vakuum, M0-18 Mischungsbezeichnung lt. Tabelle 14, GF Glasfasern, BF Basaltfasern, PVA Polyvinylalkoholfasern, SF Stahlfasern, CNT Carbon-Nanotubes, PP Polypropylenfasern)

In Abbildung 86 ist der Einfluss der Fasern, des Vakuummischprozesses und der Kombination aus Fasern und Vakuum auf die Steigerung der Biegezugfestigkeit der Probekörper bei 90 °C-Heißwasserlagerung dargestellt.

Bei der Betrachtung der Festigkeitssteigerungen durch die Fasern ohne Vakuummischprozess (blaue Säulen) fällt sofort auf, dass alle Fasermischungen eine deutlich höhere Biegezugfestigkeit nach 7 Tagen aufweisen als die Mischung M0 ohne Fasern. Zu den späteren Prüfzeitpunkten sind die Verhältnisse bei allen Mischungen genau umgekehrt. Dieser Umstand kommt dadurch zustande, dass die Bezugsmischung M0 (oV und mV) einen enormen Festigkeitszuwachs (vgl. Abbildung 83) zwischen dem 7. und dem 28. Tag aufweist, während im gleichen Zeitraum die Festigkeiten der Fasermischungen bei weitem nicht so stark gestiegen sind. Dieses Verhalten der Bezugsmischung wirkt sich natürlich deutlich auf diese Art der Darstellung aus. Einerseits ist die Biegezugfestigkeit der Mischung ohne Fasern beachtlich, andererseits liegt der Unterschied zu den Fasermischungen nur in der Faserzugabe (Grundrezeptur, Herstellung und Nachbehandlung sowie Prüfung war für alle Mischungen gleich). Es gibt daher keinen Grund zur Annahme, dass der Einfluss der Fasern auf die Festigkeitssteigerung in dieser Versuchsreihe anders ist als dargestellt. Eine andere mögliche Erklärung ist aber, dass die Fasermischungen deutlich besser auf die Heißwasserbehandlung angesprochen haben als die Mischung M0.

Durch den Vakuummischprozess wird die Festigkeit der Bezugsmischung M0 nach 7 Tagen um 6 %, nach 28 Tagen um 1 % erhöht und nach 56 Tagen um 4 % verringert. Bei den Fasermischungen kann wieder zu jedem Prüfzeitpunkt und bei jeder Mischung eine Steigerung der Biegezugfestigkeit, manchmal nur gering, überwiegend aber beträchtlich, festgestellt werden (rote Säulen). Die Gesamtsteigerung durch Fasern und Vakuum, (grüne Säulen in der Abbildung 86), zeigt auch bei den hier dargestellten heißwassergelagerten Proben, genauso wie bei den Proben mit Wasserlagerung bei 20 °C, eine additive Wirkung.

Experimentelle Untersuchungen

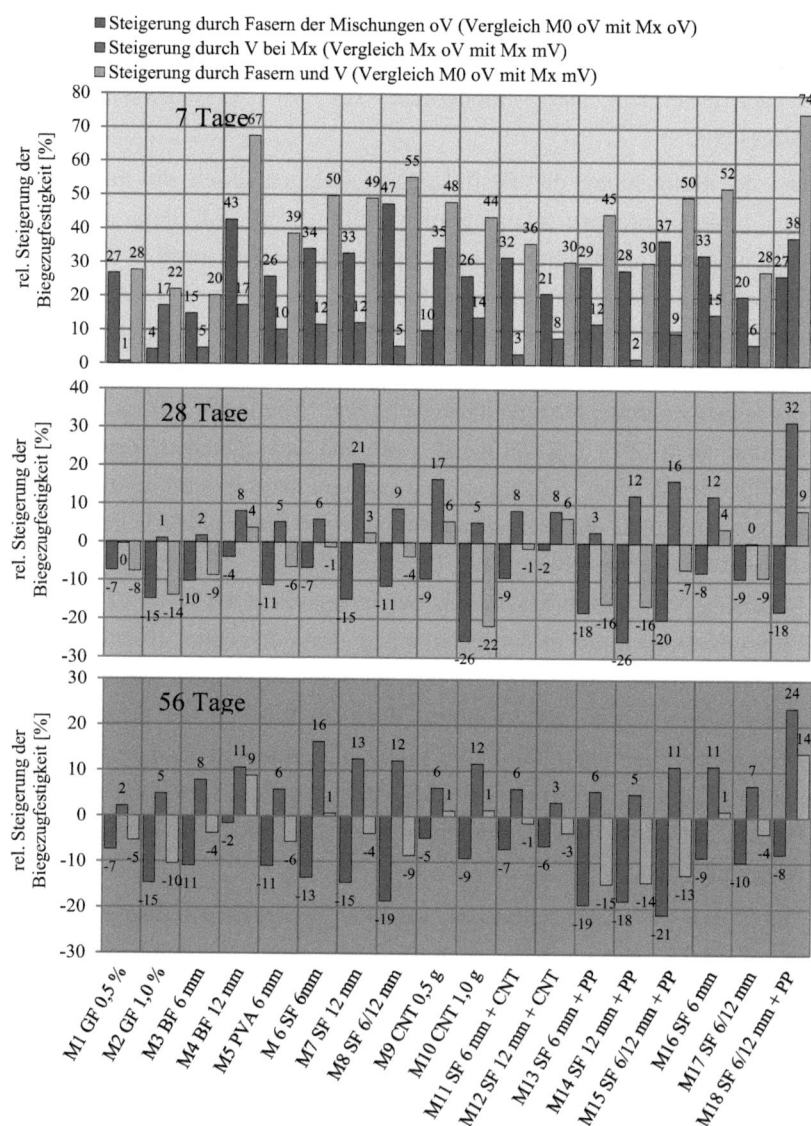

Abbildung 86: Relative Steigerung der Biegezugfestigkeit bei einem Probenalter von 7, 28 und 56 Tagen, getrennt nach dem Einfluss der Faserzugabe, des Vakuummischprozesses und beider Maßnahmen bei 90 °C-Heißwasserlagerung (oV ohne Vakuum, mV mit Vakuum, M0-18 Mischungsbezeichnung lt. Tabelle 14, GF Glasfasern, BF Basaltfasern, PVA Polyvinylalkoholfasern, SF Stahlfasern, CNT Carbon-Nanotubes, PP Polypropylenfasern)

4.4.3.3 Spaltzugfestigkeit

Die Spaltzugfestigkeiten aller Mischung M0 bis M18 bei normaler Wasserlagerung sind in Abbildung 87 und Abbildung 88 dargestellt. Die Entwicklung der Spaltzugfestigkeit zeigt, dass nur die Mischung M10 mV einen leichten Rückgang von 0,8 % zwischen dem 7. Tag und dem 28. Tag erfährt. Im Mittel stellt sich eine Steigerung um 14,4 % in diesem Zeitraum ein.

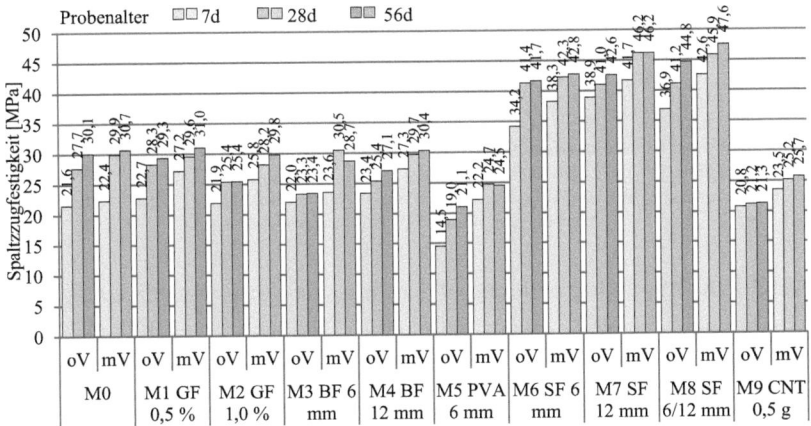

Abbildung 87: Spaltzugfestigkeiten der Mischungen M0-M9 bei 20 °C-Wasserlagerung nach 7, 28 und 56 Tagen (M0-9 Mischungsbezeichnung lt. Tabelle 14, GF Glasfasern, BF Basaltfasern, PVA Polyvinylalkoholfasern, SF Stahlfasern, CNT Carbon-Nanotubes, PP Polypropylenfasern)

Zwischen dem 28. Tag und dem 56. Tag weisen bereits neun Mischungen teilweise einen leichten Rückgang der Festigkeit von im Mittel 1,8 % auf. Bei den anderen Mischungen erhöht sich die Festigkeit um 3,7 %, sodass sich eine durchschnittliche Festigkeitssteigerung von 2,1 % ergibt. Über den gesamten Zeitraum von 7 bis 56 Tage ergibt sich nur für die Mischung M18 mV ein leichter Rückgang von 2 %. Insgesamt steigt die Spaltzugfestigkeit im Durchschnitt um 16,9 %.

Experimentelle Untersuchungen

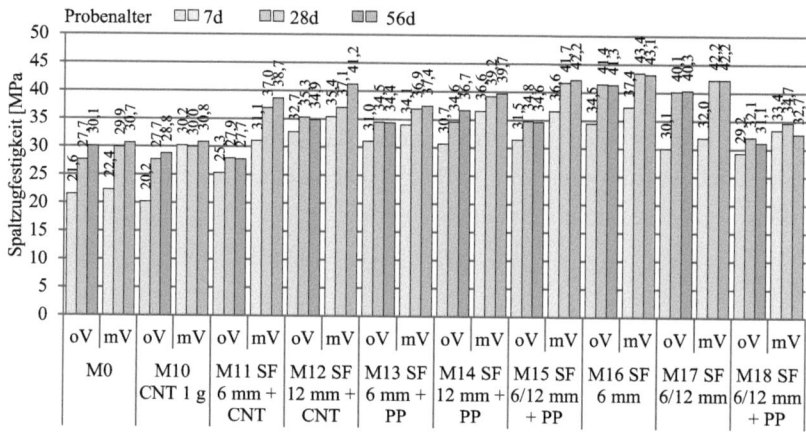

Abbildung 88: Spaltzugfestigkeiten der Mischungen M 0 und M10 - M 18 bei 20 °C-Wasserlagerung nach 7, 28 und 56 Tagen (M0, 10-18 Mischungsbezeichnung lt. Tabelle 14, GF Glasfasern, BF Basaltfasern, PVA Polyvinylalkoholfasern, SF Stahlfasern, CNT Carbon-Nanotubes, PP Polypropylenfasern)

Abbildung 89 und Abbildung 90 zeigen die Spaltzugfestigkeiten aller Mischungen nach einer 90 °C Heißwasserbehandlung. Die Spaltzugfestigkeiten liegen bei allen Mischungen zu jedem Prüfzeitpunkt über jenen der Mischungen, die bei 20 °C wassergelagert worden sind. Der Unterschied beträgt (Vergleich der Mittelwerte) nach 7 Tagen 35 %, nach 28 Tagen 28 % und nach 56 Tagen 26 %. Die durchschnittliche Festigkeitssteigerung bei der Spaltzugfestigkeit auf Grund der Heißwasserlagerung fällt nicht ganz so deutlich aus wie bei der Biegezugfestigkeit.

Die Festigkeitssteigerung zwischen dem 7. und dem 28. Tag beträgt im Mittel 8,2%. Zwischen dem 28. und dem 56. Tag geht die Festigkeit bei etwa der Hälfte der Mischungen im Mittel leicht, um 1,7 %, zurück. Bei den andern Mischungen steigerte sich die Spaltzugfestigkeit um 3,5 %. In Summe steigt die Festigkeit in dieser Zeit daher um 1,1 %. Insgesamt beträgt die Festigkeitssteigerung zwischen dem 7. und dem 56. Tag durchschnittlich um 9,4 %. Nur die Mischungen M9 mV und M18 mV verlieren während dieser Zeit im Mittel um 1 % an Festigkeit.

Experimentelle Untersuchungen

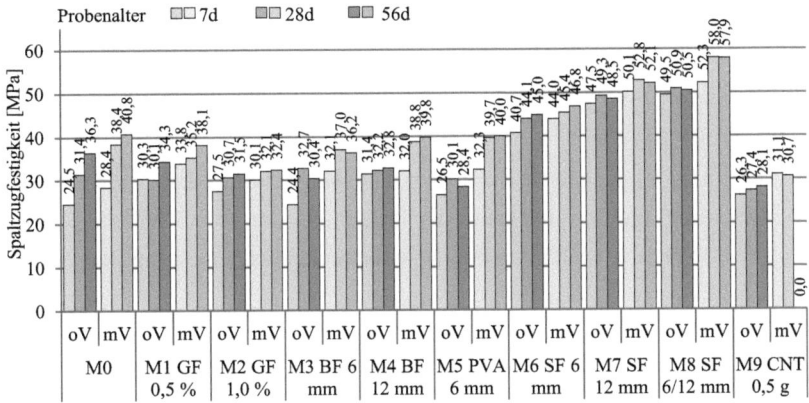

Abbildung 89: Spaltzugfestigkeiten der Mischungen M0-M9 bei 90 °C-Heißwasserlagerung nach 7, 28 und 56 Tagen (M0-9 Mischungsbezeichnung lt. Tabelle 14, GF Glasfasern, BF Basaltfasern, PVA Polyvinylalkoholfasern, SF Stahlfasern, CNT Carbon-Nanotubes, PP Polypropylenfasern)

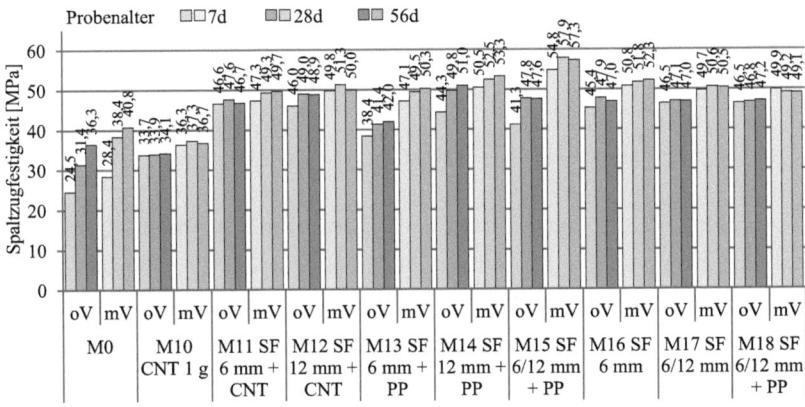

Abbildung 90: Spaltzugfestigkeiten der Mischungen M 0 und M10 - M 18 bei 90 °C-Heißwasserlagerung nach 7, 28 und 56 Tagen (M0, 10-18 Mischungsbezeichnung lt. Tabelle 14, GF Glasfasern, BF Basaltfasern, PVA Polyvinylalkoholfasern, SF Stahlfasern, CNT Carbon-Nanotubes, PP Polypropylenfasern)

Die Heißwasserbehandlung führt auch, wie Abbildung 89 und Abbildung 90 zeigen, zu einer beträchtlichen Steigerung der Spaltzugfestigkeit, wenngleich die Erhöhung nicht so stark ausfällt wie bei der Biegezugfestigkeit. Wie auch bei der Biegezugfestigkeit nimmt der

Experimentelle Untersuchungen

Unterschied zwischen den wärmebehandelten und den bei Normaltemperatur gelagerten Proben mit der Zeit ab, aber bei weitem nicht so stark. Letztendlich ist der Unterschied bei der Spaltzugfestigkeit nach 56 Tagen etwas größer als bei der Biegezugfestigkeit.

In Abbildung 91 ist die Spaltzugfestigkeitsentwicklung der Proben bei der 20 °C-Wasserlagerung und jener der Proben bei der 90 °C-Wasserlagerung als Mittelwert aller Mischung bei der entsprechenden Lagerung dargestellt.

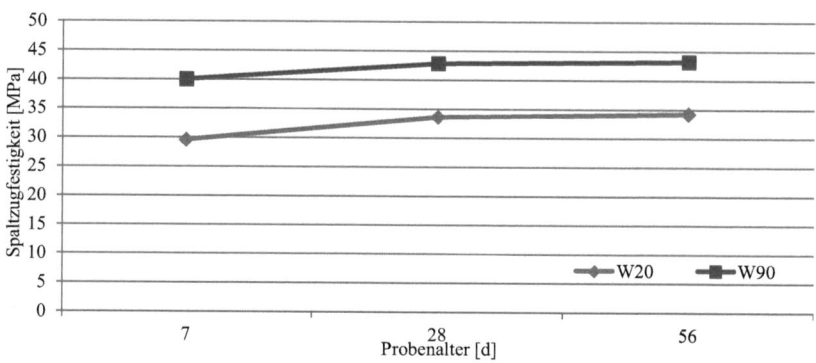

Abbildung 91: Vergleich der Spaltzugfestigkeitsentwicklung der kaltwasser- (W20) und der heißwassergelagerten (W90) Probekörper (Mittelwerte)

In Abbildung 92 ist der Einfluss der Fasern, des Vakuummischprozesses und der Kombination aus Fasern und Vakuum auf die Steigerung der Spaltzugfestigkeit der Probekörper bei 20 °C Wasserlagerung dargestellt.

Die meisten Mischungen zeigen eine deutliche Steigerung der Spaltzugfestigkeit durch die Faserzugabe (blaue Säule) in Bezug auf die Referenzmischung bei der Festigkeitsprüfung am 7. Tag. Im Laufe der weiteren Festigkeitsentwicklung stellt sich jedoch heraus, dass nur Mischungen mit Stahlfasern eine Festigkeitssteigerung bewirken können. Die roten Säulen zeigen, dass zu jedem Zeitpunkt und bei jeder Mischung eine Festigkeitssteigerung durch das Vakuummischen erreicht wird. Zum Vergleich beträgt die Festigkeitssteigerung durch den Vakuummischprozess bei der Referenzmischung M0 am 7. Tag 4 %, am 28. Tag 8 % und am 56. Tag 2 %.

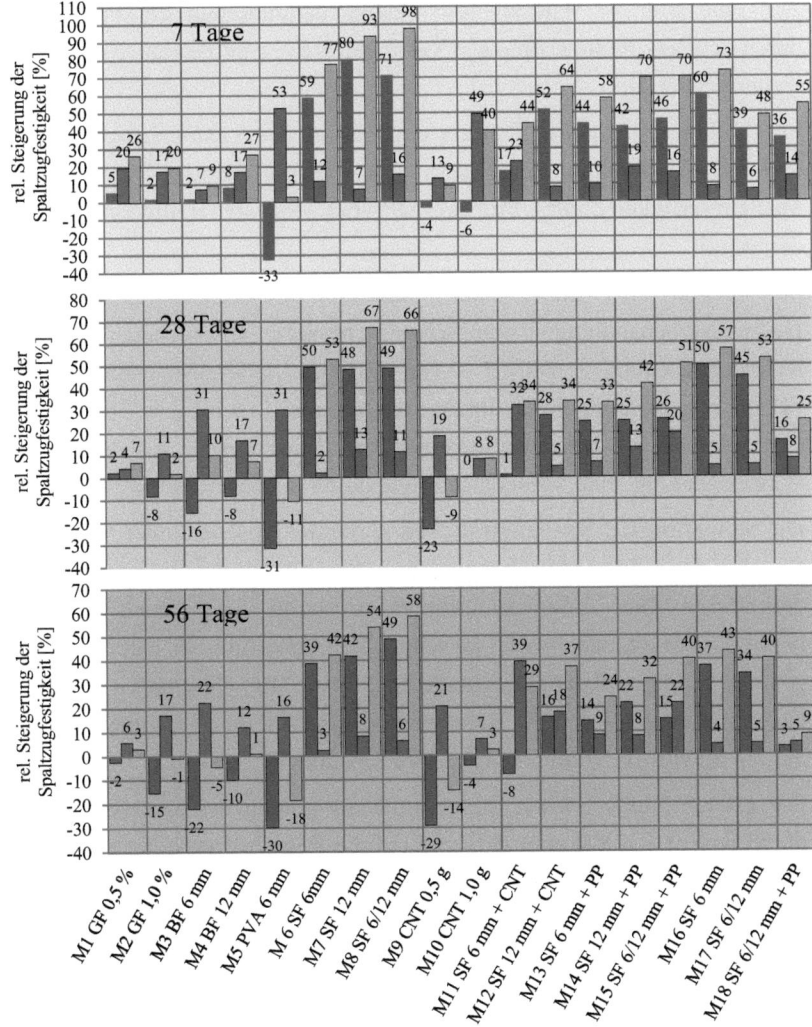

Abbildung 92: Relative Steigerung der Spaltzugfestigkeit bei einem Probenalter von 7, 28 und 56 Tagen, getrennt nach dem Einfluss der Faserzugabe, des Vakuummischprozesses und beider Maßnahmen bei 20 °C-Wasserlagerung (oV ohne Vakuum, mV mit Vakuum, M0-18 Mischungsbezeichnung lt. Tabelle 14, GF Glasfasern, BF Basaltfasern, PVA Polyvinylalkoholfasern, SF Stahlfasern, CNT Carbon-Nanotubes, PP Polypropylenfasern)

Die gesamte Steigerung der Spaltzugfestigkeit durch Fasern und Vakuum ist in Abbildung 92 wieder durch die grünen Säulen dargestellt. Dabei zeigt sich eine additive Wirkung, die Festigkeitsminderung der Fasern wird durch den Vakuummischprozess verringert bzw. eine Festigkeitssteigerung weiter verstärkt.

In Abbildung 93 ist der Einfluss der Fasern, des Vakuummischprozesses und der Kombination aus Fasern und Vakuum auf die Steigerung der Spaltzugfestigkeit der Probekörper bei 90 °C-Heißwasserlagerung dargestellt.

Es spiegelt sich hier wieder, dass die Fasermischungen auf die Heißwasserbehandlung unmittelbar besser ansprechen als die Referenzmischung. Am 7. Tag weisen alle Mischungen eine Festigkeitssteigerung durch die Faserzugabe auf. Erst bis zum 56. Tag stellt sich allmählich wieder bei den gleichen Mischungen, wie bei 20 °C-Wasserlagerung, eine Verschlechterung durch die Faserzugabe ein.

Die Steigerung der Spaltzugfestigkeit durch das Mischen unter Vakuum ist für die jeweiligen Mischungen mit Fasern durch die roten Säulen dargestellt. Der Vakuummischprozess wirkt sich auch bei den heißwassergelagerten Proben zu jedem Zeitpunkt und bei jeder Mischung positiv auf die Festigkeitssteigerung aus. Im Vergleich zu diesen Fasermischungen weist die Referenzmischung M0 eine Festigkeitsteigung am 7. Tag von 16 %, am 28. Tag von 22 % und 56 Tag von 12 % auf.

Die grünen Säulen stellen die gesamte Steigerung der Spaltzugfestigkeit durch Fasern und Vakuum in Bezug auf die Referenzmischung M0 oV dar. Es zeigt sich auch hier wieder die additive Wirkung beider Maßnahmen.

Experimentelle Untersuchungen

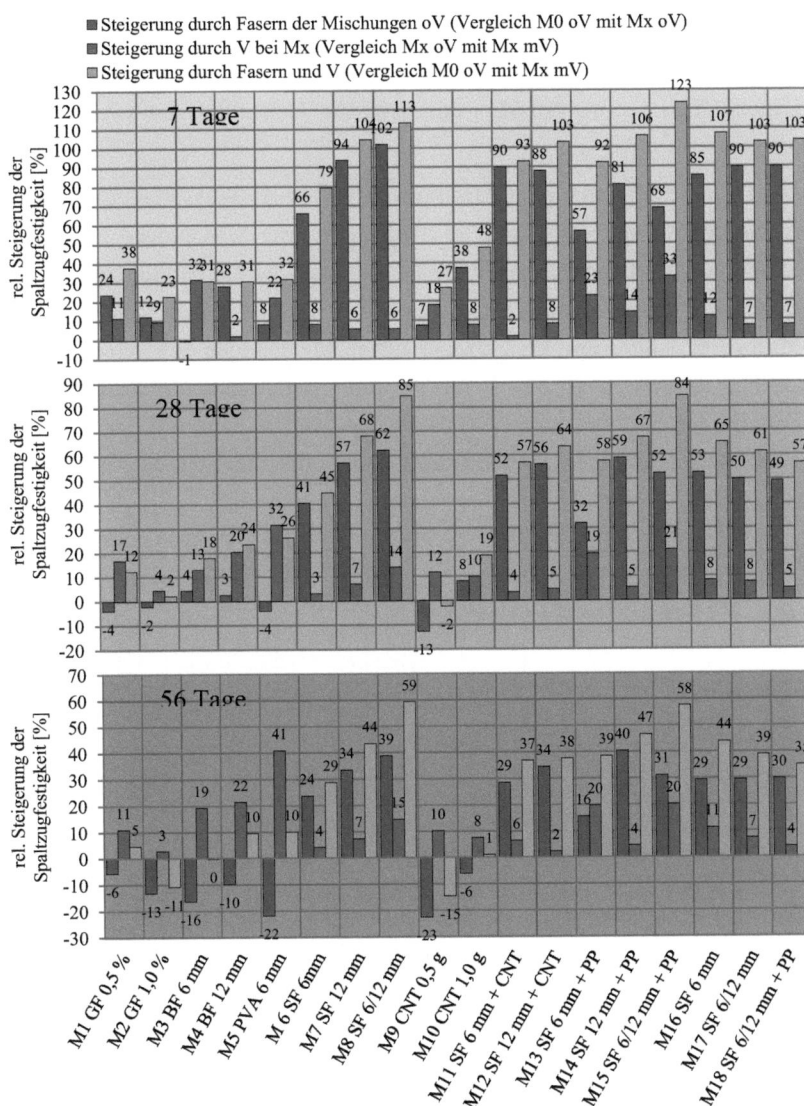

Abbildung 93: Relative Steigerung der Spaltzugfestigkeit bei einem Probenalter von 7, 28 und 56 Tagen, getrennt nach dem Einfluss der Faserzugabe, des Vakuummischprozesses und beider Maßnahmen bei 90 °C-Heißwasserlagerung (oV ohne Vakuum, mV mit Vakuum, M0-18 Mischungsbezeichnung lt. Tabelle 14, GF Glasfasern, BF Basaltfasern, PVA Polyvinylalkoholfasern, SF Stahlfasern, CNT Carbon-Nanotubes, PP Polypropylenfasern)

4.4.3.4 Druckfestigkeit

Die Druckfestigkeit wurde nach Abschnitt 3.3.3 bestimmt. Die Größe der Druckplatten betrug 40x62,5 mm und die Belastungsgeschwindigkeit 3 MPa/s.

Die Druckfestigkeiten aller Mischungen bei 20 °C Wasserlagerung sind in Abbildung 94 und Abbildung 95 dargestellt. Alle Mischungen zeigen eine Steigerung der Druckfestigkeit vom 7. bis zum 28. Tag um durchschnittlich 34,5 %. Während der nächsten 28 Tage verlieren sieben Mischungen im Mittel 1,6 % der Festigkeit. Die restlichen Mischungen gewinnen 4,2 % an Druckfestigkeit dazu, was in Summe zu einer durchschnittlichen Festigkeitssteigerung von 2,8 % vom 28. Tag bis zum 56. Tag führt. Im Mittel beträgt der Festigkeitszuwachs vom 7. bis zum 56. Tag 38,2 %.

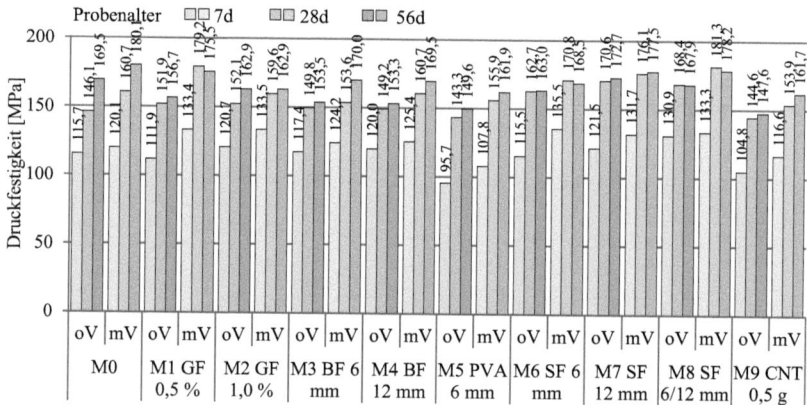

Abbildung 94: Druckfestigkeiten der Mischungen M0-M9 bei 20 °C-Wasserlagerung nach 7, 28 und 56 Tagen (M0-9 Mischungsbezeichnung lt. Tabelle 14, GF Glasfasern, BF Basaltfasern, PVA Polyvinylalkoholfasern, SF Stahlfasern, CNT Carbon-Nanotubes, PP Polypropylenfasern)

Experimentelle Untersuchungen

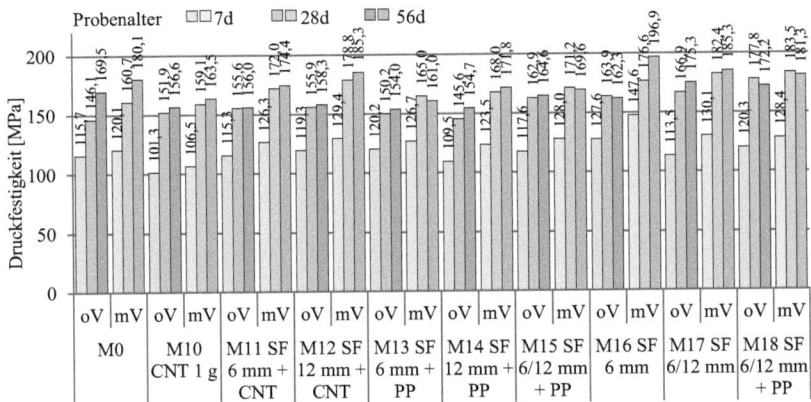

Abbildung 95: Druckfestigkeiten der Mischungen M0 und M10-M18 bei 20 °C-Wasserlagerung nach 7, 28 und 56 Tagen (M0, 10-18 Mischungsbezeichnung lt. Tabelle 14, GF Glasfasern, BF Basaltfasern, PVA Polyvinylalkoholfasern, SF Stahlfasern, CNT Carbon-Nanotubes, PP Polypropylenfasern)

In Abbildung 96 und Abbildung 97 sind die Druckfestigkeiten aller Mischungen nach der 90 °C-Heißwasserbehandlung dargestellt. Für die auch schon zuvor betrachteten Zeiträume nach der Heißwasserbehandlung ergibt sich zwar für einzelne Mischungen eine nennenswerte Änderung der Festigkeit. Im Durchschnitt betrachtet fallen diese Änderungen im Vergleich zur Biege- und Spaltzugfestigkeit aber äußerst gering aus. Im Zeitraum 7 bis 28 Tage verliert etwa die Hälfte der Mischungen im Mittel 3,2 % an Druckfestigkeit, die andere Hälfte der Mischung gewinnt 5,5 % dazu. Im Durchschnitt ergibt das eine Steigerung von 1,2 %. Während der nächsten 28 Tage verliert wieder etwa die Hälfte der Mischungen im Mittel 2,5 % und die andere Hälfte gewinnt 4,8 %. Die Druckfestigkeit erhöht sich im Durchschnitt nur um 0,7 %. Über den Zeitraum vom 7. Tag bis zum 28. Tag steigt somit die Druckfestigkeit im Mittel um nur 1,8%.

Experimentelle Untersuchungen

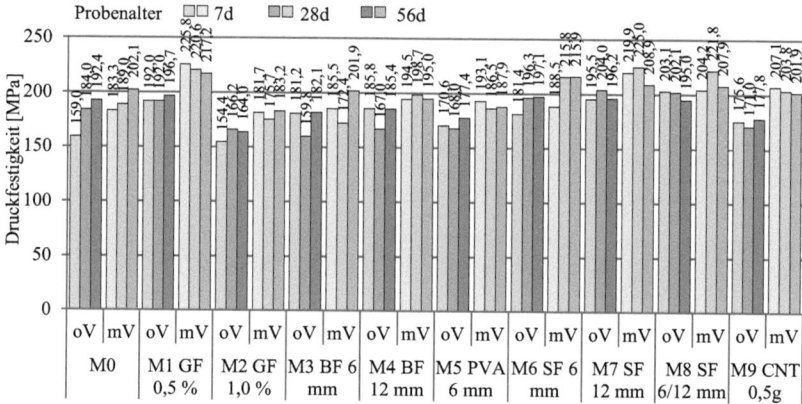

Abbildung 96: Druckfestigkeiten der Mischungen M0-M9 bei 90 °C-Heißwasserlagerung nach 7, 28 und 56 Tagen (M0-9 Mischungsbezeichnung lt. Tabelle 14, GF Glasfasern, BF Basaltfasern, PVA Polyvinylalkoholfasern, SF Stahlfasern, CNT Carbon-Nanotubes, PP Polypropylenfasern)

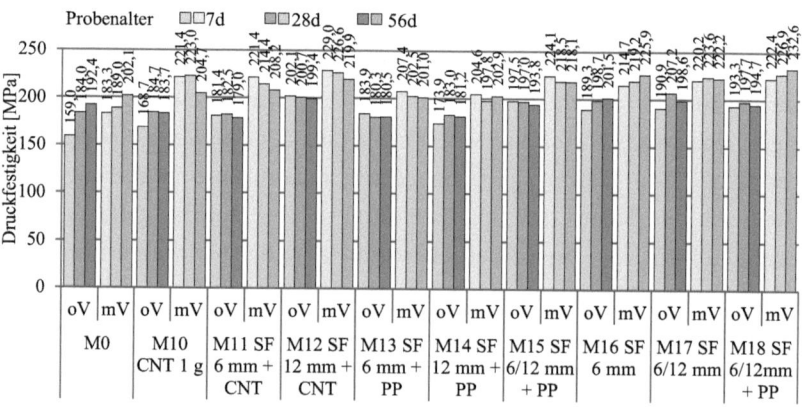

Abbildung 97: Druckfestigkeiten der Mischungen M0 und M10-M18 bei 90 °C-Heißwasserlagerung nach 7, 28 und 56 Tagen (M0, 10-18 Mischungsbezeichnung lt. Tabelle 14, GF Glasfasern, BF Basaltfasern, PVA Polyvinylalkoholfasern, SF Stahlfasern, CNT Carbon-Nanotubes, PP Polypropylenfasern)

Im Vergleich zur Druckfestigkeit der Probekörper bei normaler Wasserlagerung liegt die Druckfestigkeit der heißwasserbehandelten Probekörper am 7. Tag um 61 %, am 28. Tag um 22 % und am 56. Tag noch um 19 % höher (Abbildung 98).

Experimentelle Untersuchungen

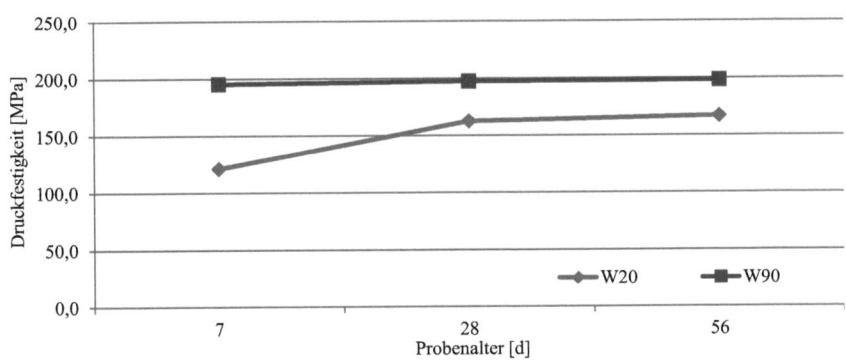

Abbildung 98: Vergleich der Druckfestigkeitsentwicklung der kaltwasser- (W20) und der heißwassergelagerten (W90)Probekörper (Mittelwerte)

In Abbildung 99 ist der Einfluss der Fasern, des Vakuummischprozesse und der Kombination aus Fasern und Vakuum auf die Steigerung der Druckfestigkeit der Probekörper bei 20 °C Wasserlagerung dargestellt.

Wie auch schon bei der Betrachtung der Biegezugfestigkeit zeigt sich hier bei vielen Fasermischungen eine Verschlechterung der Druckfestigkeit durch die Faserzugabe im Vergleich zur Referenzmischung ohne Fasern (blaue Säulen). Dieser Effekt ist am 7. Tag wenig, am 28. Tag kaum, aber am 56. Tag umso deutlicher ausgeprägt.

Die roten Säulen zeigen, dass der Vakuummischprozess innerhalb der Fasermischungen bei jeder Mischung und zu jedem Prüfzeitpunkt einen positiven Beitrag zur Steigerung der Druckfestigkeit liefert. Die Referenzmischung erreicht eine Steigerung der Druckfestigkeit durch das Mischen unter Vakuum von 4 %, 10 % bzw. 6 % nach 7, 28 und 56 Tagen.

Die Festigkeitssteigerung durch Fasern und Vakuum ist an den grünen Säulen abzulesen. Dabei zeigt sich, dass der positive Einfluss des Vakuums den negativen Einfluss der Faserzugabe, speziell nach 56 Tagen, nicht wettmachen kann. So ist die Festigkeit von fünf vakuumgemischten Fasermischungen geringer im Vergleich zur Referenzmischung M0 oV ohne Fasern. Die gegenseitige Verstärkung der Wirkung des Vakuummischprozesse und einer Faserzugabe zeigt sich auch hier.

Experimentelle Untersuchungen

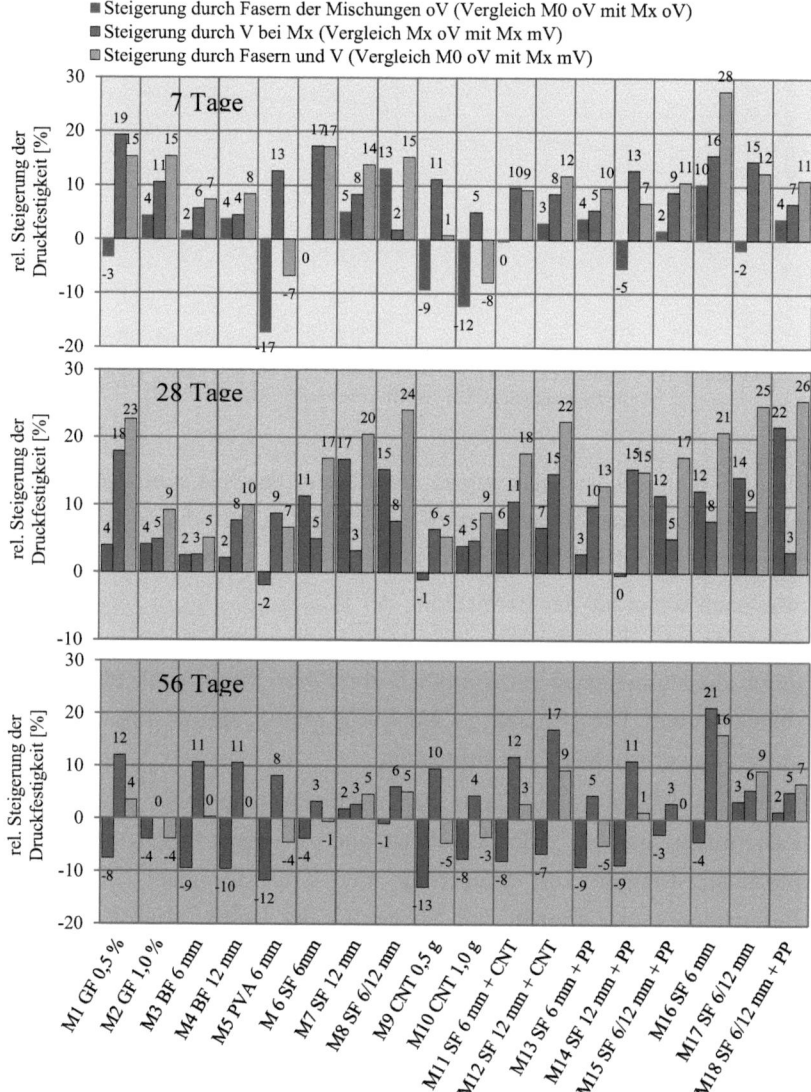

Abbildung 99: Relative Steigerung der Druckfestigkeit bei einem Probenalter von 7, 28 und 56 Tagen, getrennt nach dem Einfluss der Faserzugabe, des Vakuummischprozesses und beider Maßnahmen bei 20 °C-Wasserlagerung (oV ohne Vakuum, mV mit Vakuum, M0-18 Mischungsbezeichnung lt. Tabelle 14, GF Glasfasern, BF Basaltfasern, PVA Polyvinylalkoholfasern, SF Stahlfasern, CNT Carbon-Nanotubes, PP Polypropylenfasern)

In Abbildung 100 ist der Einfluss der Fasern, des Vakuummischprozesses und der Kombination aus Fasern und Vakuum auf die Steigerung der Druckfestigkeit der Probekörper bei 90 °C-Heißwasserlagerung dargestellt.

Dass die Fasermischungen auf die Heißwasserbehandlung unmittelbar besser ansprechen als die Referenzmischung spiegelt sich auch hier bei der Druckfestigkeit wieder. Am 7. Tag weisen alle Mischungen, ausgenommen M2, eine Festigkeitssteigerung durch die Faserzugabe auf. Erst bis zum 56. Tag stellt sich allmählich wieder bei einigen Mischungen eine Verschlechterung durch die Faserzugabe ein (blaue Säulen).

Der Vakuummischprozess führt auch bei den heißwassergelagerten Fasermischungen immer zu einer Steigerung der Druckfestigkeit (rote Säulen). Die Referenzmischung erreichte eine Steigerung der Druckfestigkeit durch das Mischen unter Vakuum von 15 %, 3 % bzw. 5 % nach 7, 28 und 56 Tagen.

Durch den positiven Einfluss des Vakuummischprozesses kann beispielsweise nach 56 Tagen der negative Einfluss der Faserzugabe bei 7 von 9 Mischungen derart verbessert werden, dass sich letztendliche auch für diese Mischungen eine Festigkeitssteigerung in Bezug auf M0 ergibt (grüne Säulen). Wie schon bei den gleichen Betrachtungen zuvor, zeigt sich auch bei den 90 °C – heißwassergelagerten Proben eine additive Tendenz der Wirkung von Fasern und Vakuummischen.

Experimentelle Untersuchungen

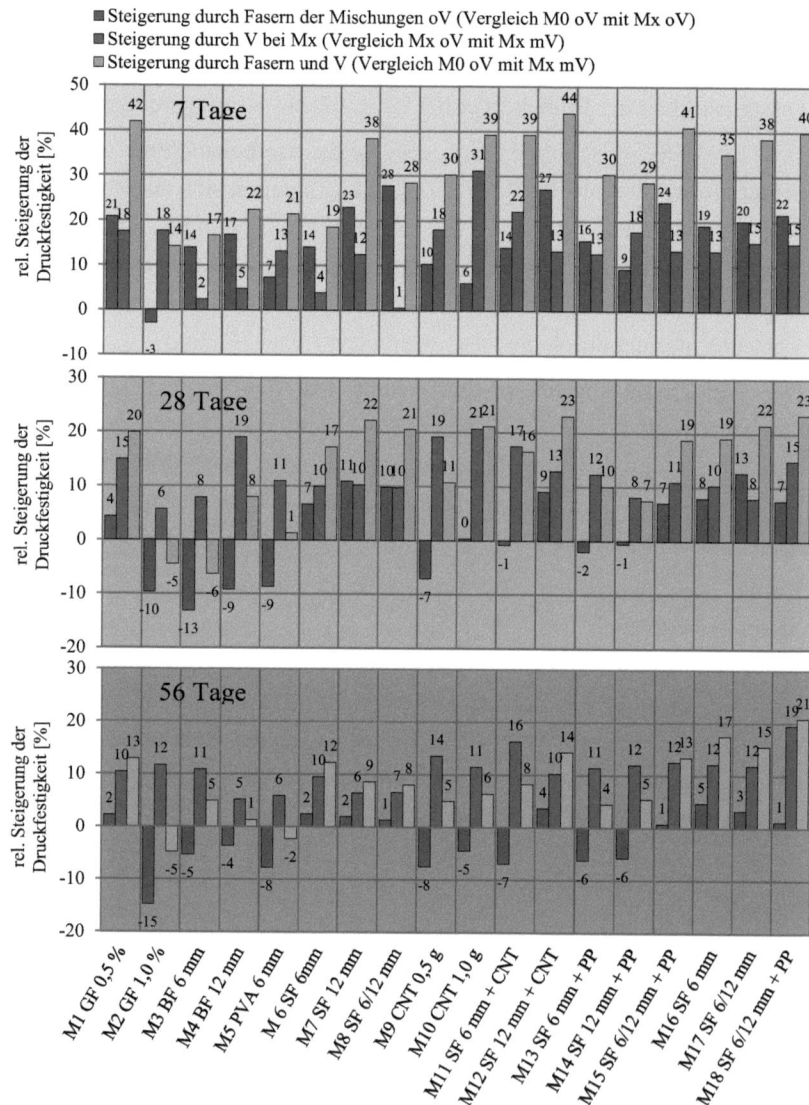

Abbildung 100: Relative Steigerung der Druckfestigkeit bei einem Probenalter von 7, 28 und 56 Tagen, getrennt nach dem Einfluss der Faserzugabe, des Vakuummischprozesses und beider Maßnahmen bei 90 °C-Heißwasserlagerung (oV ohne Vakuum, mV mit Vakuum, M0-18 Mischungsbezeichnung lt. Tabelle 14, GF Glasfasern, BF Basaltfasern, PVA Polyvinylalkoholfasern, SF Stahlfasern, CNT Carbon-Nanotubes, PP Polypropylenfasern)

4.4.3.5 Vergleich der unterschiedlichen Einflüsse auf die betrachteten Festigkeiten

In Abbildung 101 sind die zuvor detailliert ausgeführten Betrachtungen noch einmal überblicksmäßig zusammengefasst. Für diese Darstellung wurde aus allen Daten dieser Versuchsreihen die Erwartungswerte der Einflüsse „Vakuum (Vac)" und „Heißwasser (W90)" für ein Konfidenzintervall von 95 % berechnet. Das bedeutet, dass es mit einer Wahrscheinlichkeit von 95 % zu erwarten ist, dass der Mittelwert der Steigerung durch den jeweiligen Einfluss bei genügend vielen ähnlichen Versuchen innerhalb der Grenzen dieses Intervalls liegt. Für die Berechnung des Konfidenzintervalls für den Einfluss „Vac" wurden nur die Mischungen ohne Heißwasserbehandlung herangezogen, um diesen Einfluss auszuschließen. Umgekehrt wurden für die Berechnung des Konfidenzintervalls für den Einfluss „W90" nur die Mischungen ohne Vakuummischprozess betrachtet, um den gegenseitigen Einfluss auszuschließen. Diese Konfidenzintervalle wurden ebenfalls in Abbildung 101 eingetragen.

Die Spalten „Vac" stellen die Festigkeitssteigerung durch den Vakuummischprozess bei der 20 °C Wasserbehandlung (W20) und bei der 90 °C Heißwasserbehandlung (W90) dar. Es handelt sich dabei um den Mittelwert aus allen Mischungen M0 bis M18. Im Durchschnitt bewegt sich dieser Wert in einer Größenordnung von rund 10 % bei allen drei Festigkeiten und allen drei Prüfzeitpunkten. Bezieht man nun die eingetragen Konfidenzintervalle in die Betrachtung ein und beachtet, dass die für W20 berechneten Intervalle auch für die Mischungen W90 angesetzt wurden, lassen sich vergleichende Aussagen über den Einfluss Vac bei W20 und W90 machen. Für die Biegezugfestigkeit und Spaltzugfestigkeit liegen die Festigkeitssteigerungen durch Vac auch bei W90 innerhalb der für W20 berechneten Intervalle. Das bedeutet, dass für diese beiden Festigkeiten der Einfluss des Vakuummischens bei den Nachbehandlungen W20 und W90 nahezu als gleich zu erwarten ist.

Bei der Druckfestigkeit liegt die Festigkeitssteigerung durch Vakuum bei den W90 nachbehandelten Mischungen zu jedem Prüfzeitpunkt über der oberen Grenze des für W20 berechneten Konfidenzintervalls. Der

Experimentelle Untersuchungen

Vakuummischprozess bewirkt bei den Mischungen W90 eine größere Festigkeitssteigerung als bei den mit W20 nachbehandelten Mischungen. Daraus lässt sich schließen, dass sich der Vakuummischprozess und die Heißwassernachbehandlung gegenseitig verstärken.

Die gleiche Betrachtungsweise lässt sich nun auch auf den Einfluss „W90" anwenden. Um zu zeigen, dass sich die Referenzmischung M0 ohne Fasern in Bezug auf die Heißwassernachbehandlung völlig anders verhält, wird diese den Fasermischungen gegenübergestellt. Man erkennt, dass die Referenzmischung bei der Festigkeitssteigerung durch die Heißwassernachbehandlung am 7. Tag bei allen Festigkeiten teilweise sehr weit unter dem Erwartungswert liegt. Die Fasermischungen sprechen wesentlich stärker auf die Heißwasserbehandlung an als die Referenzmischung. Im weiteren Verlauf der Zeit nimmt die festigkeitssteigernde Wirkung der Heißwasserbehandlung bei den Fasermischungen bei allen betrachteten Festigkeiten jedoch ab. Im Gegensatz dazu nimmt die Festigkeitssteigerung der Referenzmischung bei Biegezug und Spaltzug über die Zeit zu und nur bei der Druckfestigkeit ebenfalls ab.

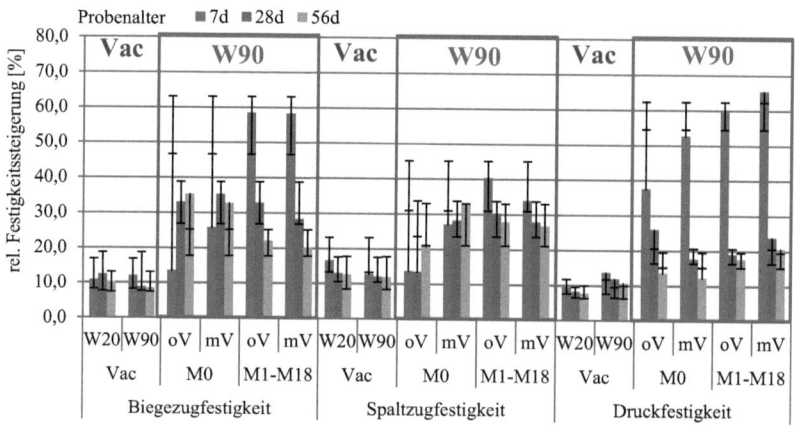

Abbildung 101: Zusammenfassende Darstellung der Auswirkungen auf die Festigkeitssteigerung von Biegezug, Spaltzug und Druck durch Vakuum, Fasern und Heißwasserbehandlung (Vac...Vakuum, oV ohne Vakuum, mV mit Vakuum, W20 20 °C-Wasserlagerung, W90 90 °C-Heißwasserlagerung, M0-18 Mischungsbezeichnung lt. Tabelle 14)

Schließlich kann abgelesen werden, dass die Heißwasserbehandlung eine größere Festigkeitssteigerung erwarten lässt als der Vakuummischprozess. Dies ist aber wieder bei Biegezug und Spaltzug deutlicher ausgeprägt als bei der Druckfestigkeit und variiert in Abhängigkeit vom Probenalter (7 d, 28 d und 56 d).

4.4.3.6 E-Modul

Im Zuge dieser Untersuchungen wurden Messungen des E-Moduls durchgeführt, um den Einfluss des Vakuummischprozesses auf diesen Materialkennwert zu bestimmen. Dabei wurde wie in Abschnitt 3.3.4 beschrieben, vorgegangen. In Abbildung 102 sind die E-Moduln aller Mischungen bei 20 °C-Wasserlagerung und in Abbildung 103 jener bei 90 °C-Heißwasserlagerung dargestellt. Generell bewegen sich die Werte auf einem sehr hohen Niveau in einem Bereich zwischen 50 und 70 GPa. Die E-Moduln der Vakuummischungen liegen sowohl bei Kalt- als auch bei Heißwasserlagerung mehrheitlich über den ohne Vakuum hergestellten Mischungen. Die Steigerung des E-Moduls durch den Vakuummischprozess bei den kaltwassergelagerten Proben beträgt im Mittel 2,7 % und bei den heißwassergelagerten 2,6 %. Umgekehrt betrachtet, beträgt die Steigerung des E-Moduls durch die Heißwassernachbehandlung bei den Mischungen ohne Vakuum im Mittel 1,5 % und bei den Vakuummischungen im Mittel 1,4 %. Daraus ist zu erkennen, dass der Einfluss beider Maßnahmen auf den E-Modul verhältnismäßig gering ist. Der Einfluss des Vakuummischprozesses in Hinblick auf eine prozentuelle Steigerung des E-Moduls erscheint hier etwas stärker als der Einfluss der Heißwasserbehandlung.

Experimentelle Untersuchungen

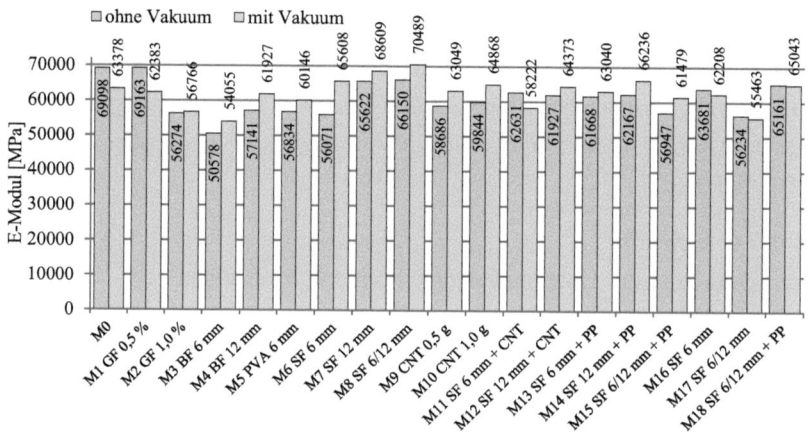

Abbildung 102: E-Modul aller Mischungen nach 28 Tagen bei 20 °C-Wasserlagerung
(M0-18 Mischungsbezeichnung lt. Tabelle 14, GF Glasfasern, BF Basaltfasern,
PVA Polyvinylalkoholfasern, SF Stahlfasern, CNT Carbon-Nanotubes,
PP Polypropylenfasern)

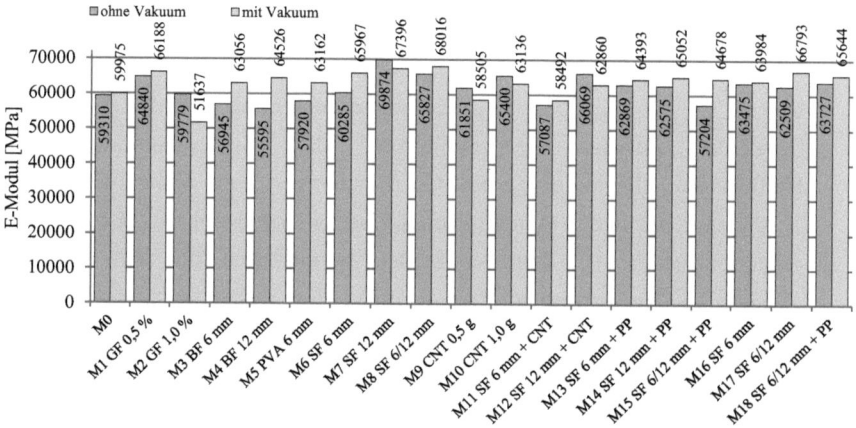

Abbildung 103: E-Modul aller Mischungen nach 28 Tagen bei 90 °C-Heißwasserlagerung
(M0-18 Mischungsbezeichnung lt. Tabelle 14, GF Glasfasern, BF Basaltfasern,
PVA Polyvinylalkoholfasern, SF Stahlfasern, CNT Carbon-Nanotubes,
PP Polypropylenfasern)

4.4.3.7 Schwinden

Die Messung der Schwindverformungen wurde wie in Abschnitt 3.3.5 beschrieben durchgeführt. Am Tag nach dem Betonieren wurden die Prismen ausgeschalt und Messzapfen auf deren Stirnflächen aufgeklebt. Danach erfolgte die erste Messung. Die Probekörper wurden dann der jeweiligen Nachbehandlung unterzogen. Nach der Entnahme aus dem Wasserbecken bzw. Heißwasserbecken am 7. Tag erfolgte die zweite Messung. Die weitere Lagerung der Prismen erfolgte dann im Klimaraum bei 20 °C und 65 % relativer Luftfeuchtigkeit, wo auch die folgenden sechs Messungen im Abstand von 3 bis 4 Tagen erfolgten. Alle Proben wurden am 28. Tag das letzte Mal gemessen.

In Abbildung 104 sind die Längenänderungen aller 19 Mischungen bis zu einem Alter von 28 Tagen aufgetragen. Es handelt sich dabei jeweils um den Mittelwert der vier Teilmischungen (W20 oV und mV sowie W90 oV und mV). Diese Darstellung gibt einen Überblick über die Größenordnung der Längenänderungen. Es zeigt sich deutlich, dass sich alle Probekörper während der Wasserlagerung ausdehnen. Danach stellt sich eine mehr oder weniger stark ausgeprägte Verkürzung ein. Die meisten Mischungen erreichen in der dritten Woche wieder ihre Ausgangslänge. Nur fünf Mischungen bleiben im Mittel bis zum 28. Tag länger als ihre Ausgangslänge (M3, M5, M7, M16, M17).

Experimentelle Untersuchungen

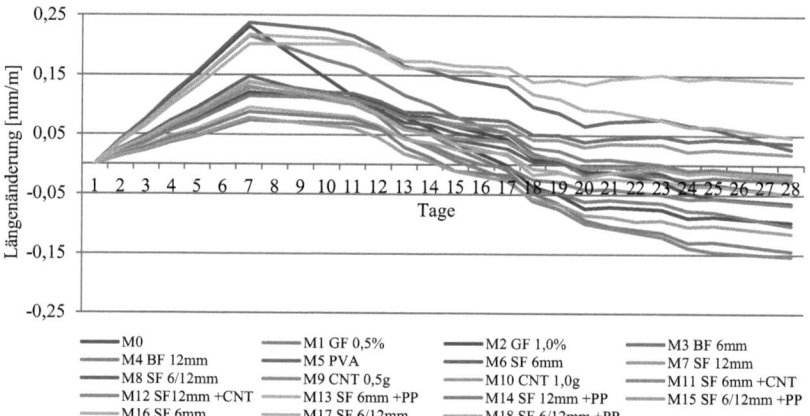

Abbildung 104: Längenänderung über die Zeit aller 19 Mischungen als Mittelwert aus den jeweils vier unterschiedlichen Behandlungen (W20 oV und mV sowie W90 oV und mV M0-18 Mischungsbezeichnung lt. Tabelle 14, GF Glasfasern, BF Basaltfasern, PVA Polyvinylalkoholfasern, SF Stahlfasern, CNT Carbon-Nanotubes, PP Polypropylenfasern)

In Abbildung 105 sind die Längenänderung aller Mischungen nach 7 Tagen dargestellt. Die Auswirkungen der Fasern, des Vakuummischprozesses und der unterschiedlichen Nachbehandlungen sind unterschiedlich stark und teilweise gegenläufig ausgeprägt.

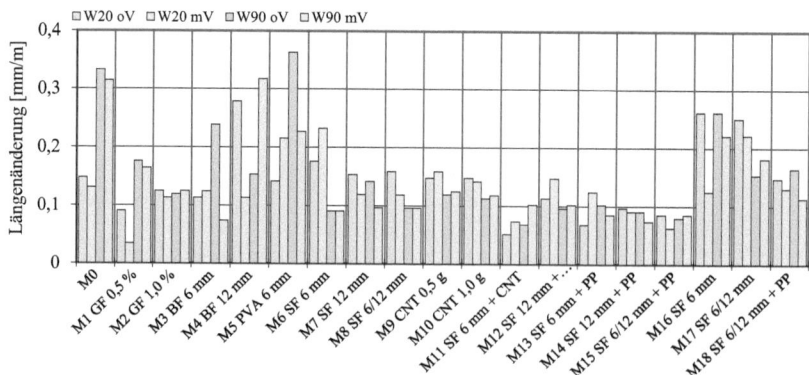

Abbildung 105: Längenänderung nach 7 Tagen aller 19 Mischungen bei unterschiedlicher Herstellung und Nachbehandlung (oV ohne Vakuum, mV mit Vakuum, W20 Wasserlagerung 20 °C, W90 Heißwasserlagerung 90 °C, M0-18 Mischungsbezeichnung lt. Tabelle 14, GF Glasfasern, BF Basaltfasern, PVA Polyvinylalkoholfasern, SF Stahlfasern, CNT Carbon-Nanotubes, PP Polypropylenfasern)

Experimentelle Untersuchungen

Im Folgenden sollen eventuelle Tendenzen in Hinblick auf den Vakuummischprozess und die Heißwasserbehandlung aufgezeigt werden. Ein Einfluss der Fasern wird außer Acht gelassen und nicht betrachtet.

Bei einer 20 °C – Wasserlagerung (W20) zeigen 12 der 19 Mischungen ein geringeres Quellen, wenn sie unter Vakuum gemischt werden. Die vakuumgemischten Betone quellen bei normaler Wasserlagerung im Mittel um 0,130 mm/m, das ist um etwa 10 % weniger als das Quellen von 0,145 mm/m der nicht vakuumgemischten Betone.

Bei der 90 °C-Heißwasserlagerung (W90) zeigen nur 9 der 19 Mischungen ein geringeres Quellen und 2 Mischungen (M6, M8) keinen Unterschied, wenn sie unter Vakuum gemischt werden. Bei den heißwassergelagerten Proben quellen die vakuumgemischten Betone im Mittel um 0,143 mm/m, das ist um 8,4 % weniger als die nicht vakuumgemischten Betone mit einem Quellen von 0,156 mm/m.

Im Hinblick auf die unterschiedlichen Wasserlagerungen zeigt sich, dass 11 der 19 Mischungen der nicht vakuumgemischten Betone bei der Heißwassernachbehandlung im Mittel um 7,5 % mehr quellen als bei der normalen Wasserlagerung. Nur bei einer Mischung mit Glasfasern (M2) besteht praktisch kein Unterschied. Ebenfalls 11 Mischungen der vakuumgemischten Betone quellen bei der Heißwasserlagerung um 9,4 % mehr als bei normaler Wasserlagerung.

Zusammengefasst bedeutet dies, dass die Heißwassernachbehandlung tendenziell zu einem stärkeren Quellen führen kann als die normale Wasserlagerung und der Vakuummischprozess tendenziell bei beiden Nachbehandlungsmethoden das Quellen verringern kann.

In Abbildung 106 sind die Längenänderung aller Mischungen nach 28 Tagen dargestellt. Nur 5 Mischungen (M11, M13, M14, M15, M17) sind unabhängig der Kombination aus Herstellung und Nachbehandlung länger bzw. kürzer als ihre Ausgangslänge zu Beginn der Messungen. Alle anderen Mischungen zeigen wieder, je nach Mischprozess und Nachbehandlung, stark unterschiedliche Längenänderungen. Klar ist lediglich, dass sich alle Proben ab dem siebten Tag erwartungsgemäß verkürzt haben.

Experimentelle Untersuchungen

Um dennoch auch hier zumindest Tendenzen der Auswirkungen von Vakuummischprozess und Nachbehandlung auf das Schwinden zu erhalten, werden wieder Mittelwerte betrachtet. Ausgehend von den 7-Tagesmittelwerten schwinden die Mischungen mit W20 oV um 0,213 mm/m, mit W20 mV um 0,205, mit W90 oV um 0,139 mm/m und mit W90 mV um 0,159 mm/m. Das bedeutet, dass bei normaler Wasserlagerung die vakuumgemischten Betone im Mittel um 3,8 % weniger schwinden als die ohne Vakuum gemischten.

Bei der 90 °C-Heißwasserlagerung schwinden die vakuumgemischten Betone allerdings um 14,2 % mehr als die Betone der Mischungen ohne Vakuum. Anders als beim Quellen lässt sich hier kein tendenzieller Einfluss des Vakuummischprozesses, unabhängig von der Nachbehandlungsmethode ableiten.

Im Hinblick auf die Heißwasserbehandlung stellt sich heraus, dass sowohl die vakuumgemischten als auch die ohne Vakuum gemischten Betone nach der Heißwasserlagerung im Mittel deutlich weniger (um 34,8 % oV und 22,5 % mV) schwinden als nach normaler Wasserlagerung.

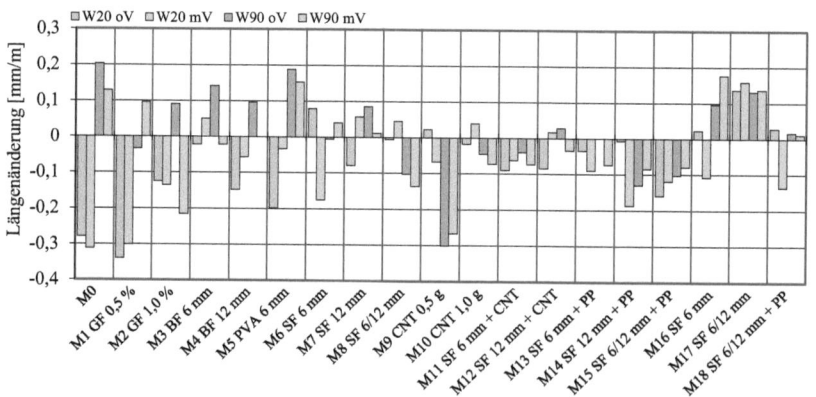

Abbildung 106: Längenänderung nach 28 Tagen aller 19 Mischungen bei unterschiedlicher Herstellung und Nachbehandlung (oV ohne Vakuum, mV mit Vakuum, W20 Wasserlagerung 20 °C, W90 Heißwasserlagerung 90 °C, M0-18 Mischungsbezeichnung lt. Tabelle 14, GF Glasfasern, BF Basaltfasern, PVA Polyvinylalkoholfasern, SF Stahlfasern, CNT Carbon-Nanotubes, PP Polypropylenfasern)

Experimentelle Untersuchungen

In Abbildung 107 ist die Längenänderung der Betone über der Zeit als Mittelwert aller Mischungen in der entsprechenden Kombination aus Mischprozess und Nachbehandlung, dargestellt. Wie bereits festgestellt, zeigt sich, dass die Betone mit der Heißwassernachbehandlung (W90) im Mittel tendenziell etwas mehr quellen als die Mischungen bei normaler Wasserlagerung. Im Anschluss an die Wasserlagerung schwinden die Betone nach der normalen Wasserlagerung (W20) deutlich schneller und stärker als die Betone nach der Heißwasserbehandlung (W90). Das ist auf die beschleunigte puzzolanische Reaktion des Mikrosilikas während der Wärmebehandlung zurückzuführen (vgl. Abschnitt 2.6), was sich positiv auf den Schwindverlauf auswirkt.

In Hinblick auf den Vakuummischprozess ist, wie ebenfalls bereits festgestellt, zu erkennen, dass die Betone der Vakuummischungen im Mittel tendenziell weniger stark quellen als die ohne Vakuum hergestellten. Der weitere Verlauf des Schwindens der vakuumgemischten Betone erfolgt ausgehend von diesen Niveaus weitgehend parallel zu den ohne Vakuum gemischten Betonen, sowohl bei den normal wassergelagerten Proben als auch bei den heißwassergelagerten Proben.

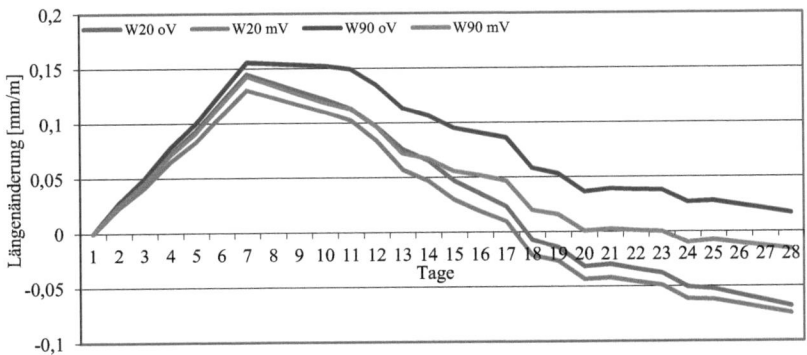

Abbildung 107: Längenänderung über die Zeit als Mittelwert aller Mischungen mit der entsprechenden Kombination aus Mischprozess und Nachbehandlung (oV ohne Vakuum, mV mit Vakuum, W20 Wasserlagerung 20 °C, W90 Heißwasserlagerung 90 °C)

Zusammenfassend lässt sich aus dieser Messreihe kaum eine eindeutige Tendenz des Einflusses des Vakuummischprozesses auf das Schwindverhalten ableiten. Dies bedeutet aber nicht, dass dieser Einfluss vernachlässigt werden kann, weil sich bei einzelnen Mischungen große Unterschiede bemerkbar machen können. Spezielle Untersuchungen im Einzelfall sind durchaus angebracht. Ein generell positiver Einfluss der Heißwassernachbehandlung auf das Schwinden kann eher abgeleitet werden. Nur wenige Mischungen zeigten ein stärkeres Schwinden nach der 90 °C-Heißwasserbehandlung als nach einer Wasserlagerung bei ca. 20 °C.

4.4.4 Schlussfolgerungerungen aus den Untersuchungen zu Vakuummischprozess und Fasern

Der Luftgehalt des Frischbetons liegt bei den Mischungen mit verschiedenen Fasern im Durchschnitt um 10 % höher als bei der Referenzmischung ohne Fasern.

Durch den Vakuummischprozess kann der Luftgehalt bei den Fasermischungen auf das Niveau der Referenzmischung abgesenkt werden und so der zusätzliche Lufteintrag durch die Fasern kompensiert werden.

Das Ausbreitfließmaß wird durch die unterschiedlichen Fasern stärker beeinflusst als durch den Vakuummischprozess. Tendenziell weisen die Vakuummischungen ein geringfügig kleineres Ausbreitfließmaß auf.

Die Zugabe von Fasern führte nicht immer zu einer Festigkeitssteigerung (was aber auch nicht Ziel dieser Untersuchungsreihe war).

Der Vakuummischprozess und die Heißwassernachbehandlung bei 90 °C führen bei jeder Mischung und zu jedem Prüfzeitpunkt zu einer Steigerung aller betrachteten Festigkeiten. Die festigkeitssteigernde Wirkung der Heißwassernachbehandlung fällt generell etwas höher aus als jene durch den Vakuummischprozess.

Der Einfluss der Heißwasserbehandlung und des Vakuummischprozesses auf die Höhe des E-Moduls ist generell nur gering, wobei jener des Vakuummischprozesses etwas größer ist. Der E-Modul liegt bei den meisten Vakuummischungen geringfügig höher als bei den gleichen nicht mit Vakuum hergestellten Mischungen.

Die Messungen zum Schwindverhalten lassen keine eindeutige Aussage über die Auswirkung des Vakuummischprozesses zu. Es scheint lediglich eine Tendenz zu geben, dass die vakuumgemischten Proben während der Wasserlagerung etwas weniger quellen. Das anschließende Schwinden scheint aber kaum beeinflusst zu werden.

Etwas deutlicher tritt die Tendenz in Erscheinung, dass die heißwasserbehandelten Proben langsamer und weniger schwinden als die kaltwassergelagerten.

In dieser Versuchsreihe traten keine negativen Wechselwirkungen zwischen dem Vakuummischprozess und dem Einsatz von Fasern und/oder der Kombination mit der Heißwasserbehandlung auf.

4.5 Bruchmechanische Kenngrößen

Die spezifische Bruchenergie G_F und die Kerbzugfestigkeit σ_{KZ} sind wichtige bruchmechanischen Kenngrößen (vgl. Abschnitt 2.8), die sehr gut mit der Keilspaltmethode (vgl. Abschnitt 3.3.6) bestimmt werden können. In dieser Versuchsreihe soll der Einfluss des Vakuummischprozesses auf diese Kenngrößen wieder in Kombination mit Fasern und unterschiedlichen Nachbehandlungsmethoden untersucht und dargestellt werden. Um die Ergebnisse im vollständigen Kontext betrachten zu können, werden auch hier alle in dieser Versuchsreihe ermittelten Eigenschaften der Mischungen angegeben.

4.5.1 Mischungsentwurf und Versuchsplanung

Für die geplanten Versuche wurde eine Mischungszusammensetzung gewählt (Tabelle 15), mit der bereits im Rahmen anderer Untersuchen außerhalb dieser Arbeit sehr hohe Druckfestigkeiten erzielt wurden. Für die Mischungen mit den Stahlfasern wurde das Volumen der Fasern wieder vom Volumen des Sandes abgezogen, um die wesentliche Zusammensetzung der Mischung nicht zu verändern.

Tabelle 15: Mischungszusammensetzung für 1 m³ Beton

Ausgangsstoffe	ohne Fasern	mit Fasern
	Masse [kg/m³]	Masse [kg/m³]
Portlandzement CEM I 42,5 R C$_3$A-frei (CEM)	688,00	688,00
Mikrosilika (MS)	186,00	186,00
Quarzmehl 10000 (QM)	344,00	324,50
Quarzsand 0,1-0,5 (QS)	927,00	860,00
Stahlfasern 6/0,175mm (F)	-	200,00
Fließmittel auf PCE-Basis (FM)	20,60	20,60
Wasser inkl. flüssiger FM-Anteil	192,00	192,00
Wasserzementwert w/z	0,28	0,28
Wasserbindemittelwert w/b (k-Wert für MS =1)	0,22	0,22
Volumenverhältnis Wasser/Feinteile V_W/V_F	0,445	0,445

Die Mischreihenfolge und die Dauer der Mischphasen ist in Tabelle 16 dargestellt. Es wurde hier in Bezug auf die Entlüftung eine weitere

Experimentelle Untersuchungen

Möglichkeit angewendet. Der Unterdruck wurde nicht erst in der letzten Mischphase angelegt, sondern die Entlüftung begann bereits während des Intensivmischens und wurde über die darauf folgenden Mischphasen bis zum Ende des gesamten Mischvorgangs aufrechterhalten. Diese Mischphasen sind in Tabelle 16 in der Spalte „Mischphasen mit „VAC" gekennzeichnet. Daraus resultierte eine Mischzeit unter Vakuum von 210 Sekunden. Da die Mischungstemperatur nicht über 30 °C anstieg, konnte mit 60 mbar entlüftet werden, ohne dass Wasser aus der Mischung verdampfte. Für die Mischungen ohne Vakuum war der Mischablauf bis auf das Entlüften gleich.

Tabelle 16: Reihenfolge der Mischphasen, Dauer der Mischphasen und Werkzeuggeschwindigkeit (CEM Zement, MS Mikrosilika, QM Quarzmehl, QS Quarzsand, F Fasern, FM Fließmittel)

Mischphase	Dauer [s]	Wirblerdrehzahl [U/min]	Wirblergeschw. [m/s]
Trockenmischen (CEM, MS, QM, QS, F)	90	1250	8,2
Zugabe Wasser mit ½ FM	30	1250	8,2
Intensivmischen	60	1250	8,2
Intensivmischen VAC	60	1250	8,2
Zugabe restl. FM VAC	30	1250	8,2
Intensivmischen VAC	60	1250	8,2
Nachmischen VAC	60	300	2,0
Gesamtmischdauer	390		-
VAC...Mischphasen mit Entlüftung			

Für die Herstellung von 36 Prismen und 50 Keilspalt-Probekörper wurden insgesamt 30 Mischungen benötigt. Es wurden Mischungen ohne Fasern (oF) und mit Fasern (mF) hergestellt. Jede Mischung wurde einmal mit Vakuum (mV) und einmal ohne (oV) hergestellt. Weiters wurde die Nachbehandlung variiert (3 unterschiedliche Methoden). Grundsätzlich handelt es sich dabei um Nachbehandlungen, wie sie schon bei den Untersuchungen in Abschnitt 4.3 angewendet wurden. Die Nachbehandlung Normlagerung (NL) beschreibt die Lagerung der Probekörper bis zum 7. Tag unter Wasser und danach an Raumluft. Die zweite Nachbehandlungsmethode W90 bezieht sich wieder auf die

Heißwasserlagerung bei 90 °C für eine Dauer von 48h, beginnend am Ende des vierten Tages nach dem Betonieren. Die dritte Nachbehandlungsmethode wird mit W90L250 bezeichnet. Dabei wurden die abgekühlten Probekörper der W90-Nachbehandlung in einem Ofen erneut auf 250 °C aufgeheizt und diese Temperatur für 5 h gehalten. Nach dem Abkühlen wurden die Probekörper bei Raumtemperatur an der Luft gelagert.

Die Aufheiz- und Abkühlraten waren bei allen Wärmebehandlungen gleich und betrugen 10 K/h.

Daraus ergeben sich 12 Kombinationen aus Vakuum, Fasern und Nachbehandlung. So bezeichnet beispielsweise „oVoF NL" die Mischung ohne Vakuum und ohne Fasern bei Normlagerung, oder „mVmF W90L250" die Mischung mit Vakuum und mit Fasern bei der kombinierten Heißwasser/Heißluft-Nachbehandlung.

4.5.2 Frischbetonprüfung

Das Ausbreitfließmaß beträgt für alle 30 Mischungen zwischen 28 und 30 cm. Ein eindeutiger Einfluss des Vakuummischprozesses oder der Stahlfasern auf das Ausbreitfließmaß kann hier nicht festgestellt werden. Die Mischungen können als fließfähig und selbstverdichtend bezeichnet werden, weil der Luftgehalt des Frischbetons ohne Entlüften und ohne Rütteln bei allen Mischungen zwischen 2,1 und 2,3 % liegt. Der Beton wird langsam (ca. 30 s) vom Kübel in den Luftporentopf gegossen. Der Luftgehalt der Vakuummischungen liegt bei etwa 0,9 %. Ein Einfluss der Stahlfasern auf den Luftgehalt kann ebenfalls nicht festgestellt werden.

Im Hinblick auf den veränderten Vakuummischprozess bei dieser Versuchsreihe hat sich gezeigt, dass trotz der wesentlich längeren Entlüftungsdauer der Luftgehalt nicht weiter abgesenkt werden kann als bei den vorhergegangenen Versuchsreihen, wo nur während der letzten Mischphase bei verringerter Drehzahl entlüftet wurde.

4.5.3 Festbetonprüfung

4.5.3.1 Prüfzeitpunkt

Die Mischungen wurden zeitlich versetzt hergestellt, so dass die Prüfung von Biegezug- und Druckfestigkeit nach 28 Tagen durchgeführt werden konnte. Dabei handelt es bei den Angaben immer um den Mittelwert aus drei Prüfungen.

Die Keilspaltversuche waren etwas aufwendiger und erstreckten sich auf zwei bis drei Tage ab dem 28. Tag. Die angegebenen Ergebnisse stellen den Mittelwert aus fünf Prüfungen dar.

4.5.3.2 Biegezugfestigkeit

Die Biegezugfestigkeit wurde für diese Untersuchungen in einem 4-Punkt-Biegeversuch an Prismen mit den Abmessungen 40x40x160 mm ermittelt (vgl. Abschnitt 3.3.1). Die Lastaufbringung erfolgte verformungsgeregelt mit einer Geschwindigkeit von 0,4 mm/min. Die derart ermittelten Biegezugfestigkeiten (Mittelwerte aus der Prüfung von drei Prismen) sind in Abbildung 108 dargestellt.

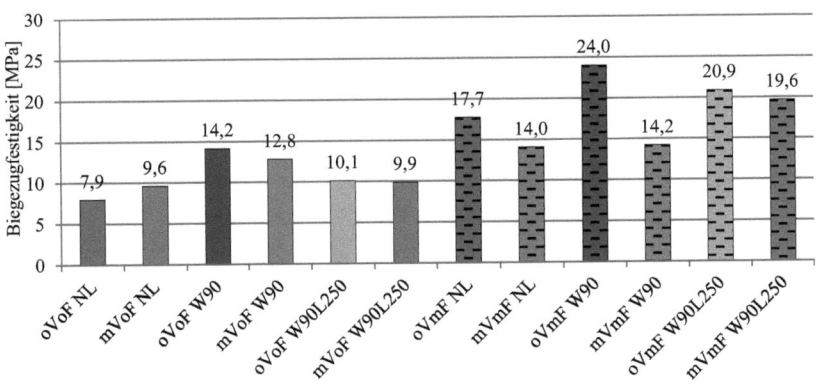

Abbildung 108: Biegezugfestigkeiten aller Mischungen (oV ohne Vakuum, mV mit Vakuum, oF...ohne Fasern, mF mit Fasern, NL Normlagerung, W90 Heißwasserlagerung 90°C, W90L250 Heißwasser-/Heißluftlagerung)

Die Biegezugfestigkeit kann bei dieser Betonrezeptur durch den Vakuummischprozess nur bei der Mischung ohne Fasern bei Normlagerung (mVoF NL) verbessert werden. Die Zugabe der Stahlfasern steigert die Biegezugfestigkeit bei allen Mischungen und allen Nachbehandlung erheblich. Die jeweils höchste Biegezugfestigkeit wird sowohl bei den Mischungen mit Fasern als auch bei Mischungen ohne Fasern bei der Heißwasserlagerung W90 erzielt. Im Gegensatz zu diesen Versuchen werden in der Versuchsreihe aus Abschnitt 4.3 die höchsten Biegezugfestigkeiten bei einer ähnlichen kombinierten Heißwasser/Heißluft-Nachbehandlung W90L250 wie hier erzielt, der negative Einfluss des Vakuummischprozesses ist aber erheblich, wobei er bei der Nachbehandlung hier kaum auftritt.

4.5.3.3 Druckfestigkeit

Die Druckfestigkeit wurde gemäß Abschnitt 3.3.3 bestimmt. Die Größe der Druckplatten betrug 40x40 mm und die Belastungsgeschwindigkeit 3 MPa/s. Die ermittelten Druckfestigkeiten sind in Abbildung 109 dargestellt. Der Vakuummischprozess führt bei diesen Mischungen erstmals auch bei der Druckfestigkeit generell zu einer Verschlechterung der Ergebnisse, die Zugabe der Stahlfasern kann die Druckfestigkeit jedoch beachtlich erhöhen.

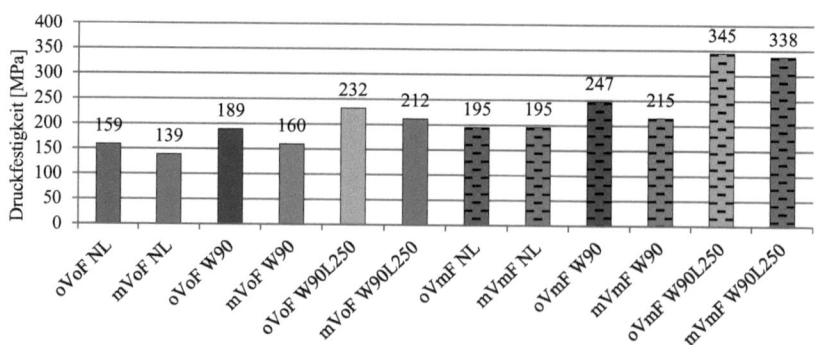

Abbildung 109: Druckfestigkeiten aller Mischungen (oV ohne Vakuum, mV mit Vakuum, oF…ohne Fasern, mF mit Fasern, NL Normlagerung, W90 Heißwasserlagerung 90°C, W90L250 Heißwasser-/Heißluftlagerung)

Die Fasern bewirken eine größere Steigerung der Druckfestigkeit als die Heißwasserbehandlung W90. Das positive Zusammenwirken von Fasern und Nachbehandlungen bei höheren Temperaturen zeigt sich auch hier.

Mit einer Druckfestigkeit von 345 MPa der Mischung oVmF W90L250 wird in dieser Versuchsreihe der absolut höchste Wert innerhalb dieser Arbeit erreicht.

4.5.3.4 Kerbzugfestigkeit und spezifische Bruchenergie

Diese beiden bruchmechanischen Kenngrößen wurden mit der Keilspaltmethode wie in Abschnitt 3.3.6 beschrieben, ermittelt. Die Belastungsgeschwindigkeit für die Versuche betrug 3mm/min. Grundsätzlich wurde der Keilspaltversuch an jeweils fünf Probekörpern durchgeführt und aus den erhaltenen Werten jeweils der Mittelwert gebildet.

Die Kerbzugfestigkeiten aller Mischungen sind in Abbildung 110 dargestellt und sind vom Verlauf her nahezu gleich wie die Biegezugfestigkeiten. Hier weisen die Mischungen mit der Heißwassernachbehandlung W90 ebenfalls sehr hohe Festigkeitswerte auf. Der einzig positive Einfluss des Vakuummischprozesses ist bei der Mischung ohne Fasern und der Nachbehandlung W90L250 zu erkennen. Zum Vergleich mit den UHPC-Proben wurde auch ein Normalbeton (Cem II (A-L) 42,5 N, w/b = 0,41) hergestellt. Dieser Beton wies eine Druckfestigkeit von 55,5 MPa auf. Die Kerbzugfestigkeit lag bei diesem Beton mit 2,92 MPa deutlich unter jener der schwächsten UHPC-Mischung.

Experimentelle Untersuchungen

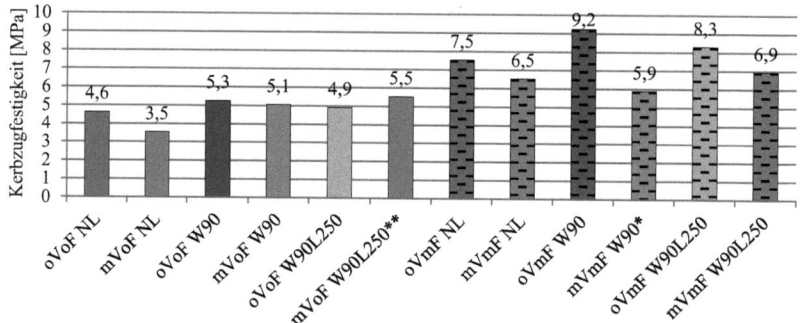

*) Dieser Wert stellt keinen Mittelwert dar, weil bei allen Würfeln außer den betreffenden, die Lasteinleitungsschultern seitlich ausgebrochen sind.

**) Diese Werte wurden mit theoretischen Bruchflächen ermittelt, weil in diesem Fall bei allen Würfeln der Rissverlauf etwas außerhalb des zulässigen Bereichs lagen.

Abbildung 110: Kerbzugfestigkeiten aller Mischungen (oV ohne Vakuum, mV mit Vakuum, oF...ohne Fasern, mF mit Fasern, NL Normlagerung, W90 Heißwasserlagerung 90°C, W90L250 Heißwasser-/Heißluftlagerung)

In Abbildung 111 ist die spezifische Bruchenergie aller Mischungen dargestellt. Bemerkenswert ist, dass der Vakuummischprozess bei allen Mischungen ohne Fasern eine deutliche Erhöhung der spezifischen Bruchenergie bewirkt, genauso wie die Wärmenachbehandlungen. Bei den Mischungen mit den Stahlfasern verschlechtert der Vakuummischprozess allerdings die Ergebnisse umso mehr. Die Heißwasserlagerung (W90) führt ebenfalls zu einer Steigerung der Bruchenergie, die kombinierte Nachbehandlung W90L250 verschlechtert das Ergebnis im Vergleich zu der normgelagerten Mischung.

Der Einfluss der Stahlfasern ist jedoch enorm. So erhöht sich die spezifische Bruchenergie durch den Einsatz der Fasern bei der normalgelagerten Mischung ohne Vakuum um das 41-fache und bei der Heißwassernachbehandlung ohne Vakuum um das 27-fache.

Die Steigerung durch das Vakuummischen bei den Betonen ohne Fasern ist in diesem Zusammenhang nahezu bedeutungslos.

Im Vergleich dazu wurde beim Normalbeton eine spezifische Bruchenergie von 150 N/m ermittelt. Das ist höher als bei den UHPC-Mischungen ohne Fasern.

Experimentelle Untersuchungen

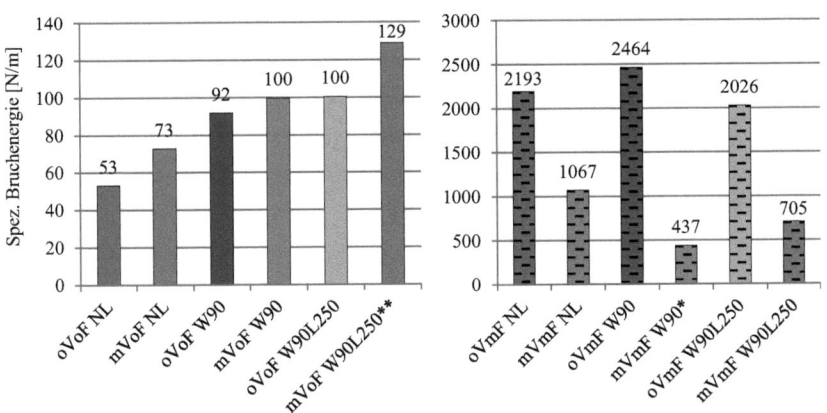

*) Dieser Wert stellt keinen Mittelwert dar, weil bei allen Würfeln außer den betreffenden, die Lasteinleitungsschultern seitlich ausgebrochen sind.
**) Diese Werte wurden mit theoretischen Bruchflächen ermittelt, weil in diesem Fall bei allen Würfeln der Rissverlauf etwas außerhalb des zulässigen Bereichs lagen.

Abbildung 111: Spezifische Bruchenergien aller Mischungen (oV ohne Vakuum, mV mit Vakuum,
oF...ohne Fasern, mF mit Fasern, NL Normlagerung, W90 Heißwasserlagerung 90°C,
W90L250 Heißwasser-/Heißluftlagerung)

Um zu zeigen, wie sich die Zugabe der Fasern auf die Duktilität des Betons auswirkt, sind in Abbildung 112 die Last-Verschiebungskurven je eines Probekörpers einer Mischung mit und einer Mischung ohne Stahlfasern nach der Heißwasserlagerung dargestellt.

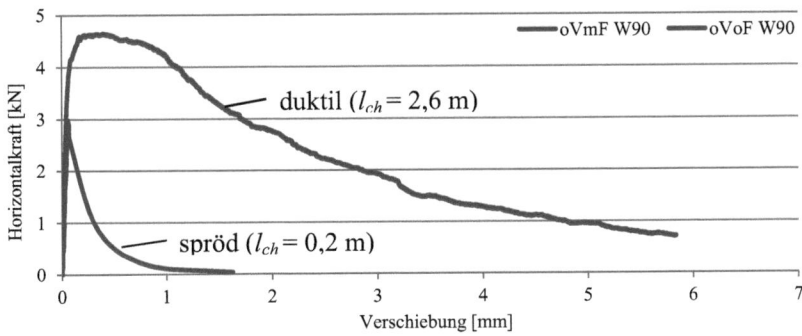

Abbildung 112: Last-Verschiebungsdiagramm zum Vergleich der Mischungen ohne und mit Stahlfasern nach der 90 °C-Heißwasserlagerung

Für die Berechnung der charakteristischen Länge l_{ch} nach Abschnitt 3.3.6 wurde exemplarisch ein Elastizitätsmodul von 60000 MPa angenommen, weil der E-Modul bei dieser Serie nicht bestimmt wurde. Dieser Wert erscheint nach Abschnitt 4.4.3.6 durchaus realistisch. Für den Beton ohne Stahlfasern ergibt sich damit eine charakteristische Länge von 0,2 m und für den Beton mit Stahlfasern von 2,6 m.

In [167] wird als Beispiel für einen spröden Werkstoff Beton mit einer charakteristischen Länge von 0,2 m angegeben. Das Berechnungsbeispiel hier ergibt den gleichen Wert. Als Beispiel für einen duktilen Werkstoff wird Asphalt mit einer charakteristischen Länge l_{ch} von 0,6 m angeführt. Der Beton mit den Stahlfasern übertrifft dies mit l_{ch} = 2,6 m bei weitem.

4.5.3.5 Vergleich der unterschiedlichen Einflüsse auf die betrachteten Festigkeitseigenschaften

Abbildung 113 enthält eine zusammenfassende Darstellung des Einflusses der Faserzugabe und des Vakuummischprozesses auf die Biegezug-, Druck- und Kerbzugfestigkeit bei den unterschiedlichen Nachbehandlungsmethoden.

Die Zugabe von Stahlfasern bewirkt eine beachtliche Festigkeitssteigerung. Die blauen Säulen stellen den Einfluss der Fasern dar (dunkelblau bei Mischungen ohne Vakuum, hellblau bei den Mischungen mit Vakuum). Es zeigt sich, dass bei der Druckfestigkeit die Erhöhung durch die Fasern bei den Vakuummischungen bei allen Nachbehandlungsarten höher ist als bei den Mischungen ohne Vakuum. Die Faserwirkung wird durch den Vakuummischprozess verstärkt. Dieser Effekt tritt bei der Kerbzugfestigkeit nur bei Normlagerung auf, bei den Wärmebehandlungen wird die Faserwirkung bei der Kerbzugfestigkeit offenbar verschlechtert. Bei der Biegezugfestigkeit wird die Faserwirkung durch den Vakuummischprozess generell verschlechtert. Dies steht im Widerspruch zu den Ergebnissen aus der Versuchsreihe in Abschnitt 4.4, wo die Faserwirkung durch den Vakuummischprozess bei der Biegezugfestigkeit generell verbessert wurde.

Experimentelle Untersuchungen

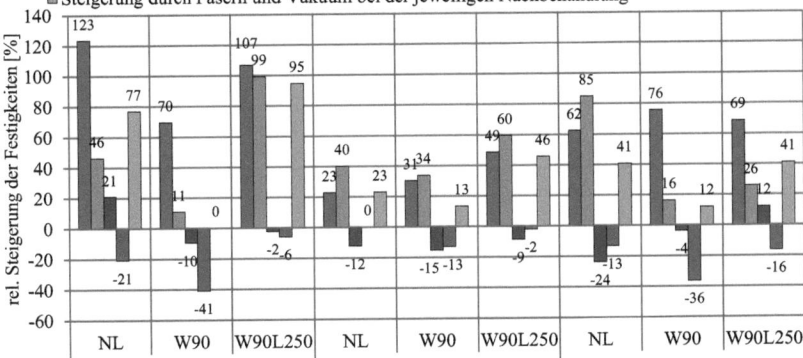

Abbildung 113: Zusammenfassende Darstellung des Einflusses der Faserzugabe und des Vakuummischprozesses auf die Steigerung der Biegezug-, Druck- und Kerbzugfestigkeit bei den unterschiedlichen Nachbehandlungsmethoden (NL Normlagerung, W90 Heißwasserlagerung 90°C, W90L250 Heißwasser-/Heißluftlagerung)

Die roten Säulen in Abbildung 113 stellen den Einfluss des Vakuummischprozesses auf die Festigkeiten dar (dunkelrot bei Mischungen ohne Fasern, hellrot bei Mischungen mit Fasern). Ein positiver Einfluss des Vakuummischprozesses lässt sich hier nur bei Mischungen ohne Fasern auf die Biegezugfestigkeit bei Normlagerung (vgl. Abbildung 108) und auf die Kerbzugfestigkeit bei der kombinierten Heißwasser/Heißluftlagerung (vgl. Abbildung 110) feststellen. Bei den anderen Mischungen bestätigt die Betrachtung der hellroten Säulen die negative Wirkung des Vakuummischprozesses auf die Mischungen mit Fasern. Die Betrachtung der grünen Säulen schließlich (Einfluss von Fasern und Vakuum) zeigt im Vergleich mit den blauen Säulen, dass die Steigerung der Festigkeiten durch die Faserwirkung vom Vakuummischprozess abgeschwächt wird. Dass dies auch bei der Druckfestigkeit der Fall ist, steht generell im Widerspruch zu allen vorherigen Versuchsreihen, bei denen die Druckfestigkeiten durch den Vakuummischprozess immer gesteigert wurden.

Die Abbildung 114 enthält eine zusammenfassende Darstellung des Einflusses der Faserzugabe und des Vakuummischprozesses auf die spezifische Bruchenergie bei den unterschiedlichen Nachbehandlungsmethoden.

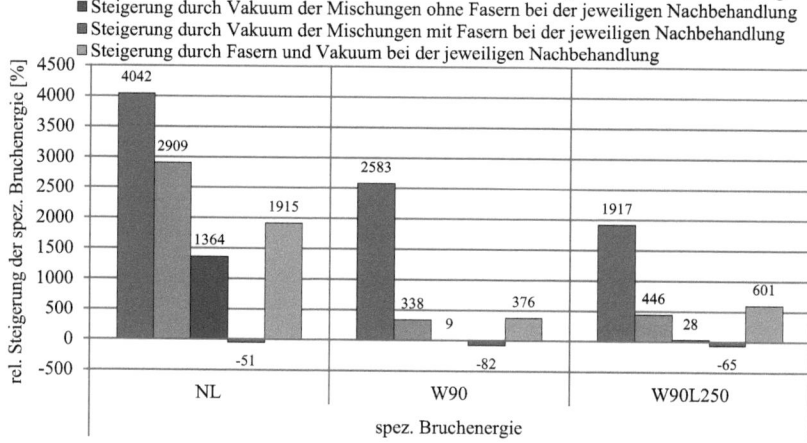

Abbildung 114: Zusammenfassende Darstellung des Einflusses der Faserzugabe und des Vakuummischprozesses auf die Steigerung spezifische Bruchenergie bei den unterschiedlichen Nachbehandlungsmethoden (NL Normlagerung, W90 Heißwasserlagerung 90°C, W90L250 Heißwasser-/Heißluftlagerung)

Wie bei den zuvor betrachteten Festigkeiten ist der Einfluss der Fasern sehr ausgeprägt (blaue Säulen). Der Vakuummischprozess bewirkt bei den Mischungen ohne Fasern (dunkelrote Säulen) eine Erhöhung der spezifischen Bruchenergie, die aber nur bei den normgelagerten Mischungen eine nennenswerte Größe, im Vergleich zur Wirkung der Stahlfasern, erreicht. Das zeigt aber trotzdem, dass der Vakuummischprozess das Gefüge des Betons nicht zusätzlich versprödet, sondern dass der negative Einfluss auf die spezifische Bruchenergie nur die Kombination von Fasern und Vakuummischprozess zustande kommt. Die grünen Säulen zeigen das auch hier.

Abbildung 115 zeigt den Einfluss der Wärmebehandlung auf die Festigkeiten und die spezifische Bruchenergie. Als Bezug dienen die

Experimentelle Untersuchungen

jeweiligen Mischungen (mit bzw. ohne Fasern), die normgelagert worden sind. Bei der Biegezugfestigkeit bewirkt die Heißwasserbehandlung W90 die größte Festigkeitssteigerung bei den Mischungen ohne Vakuum und ohne Fasern. Die Mischung ohne Vakuum mit Fasern erfährt praktisch die gleiche Festigkeitssteigerung wie die Mischung mit Vakuum und ohne Fasern. Nur bei der Mischung mit Fasern und Vakuum bewirkt die Heißwasserbehandlung nahezu keine Festigkeitssteigerung.

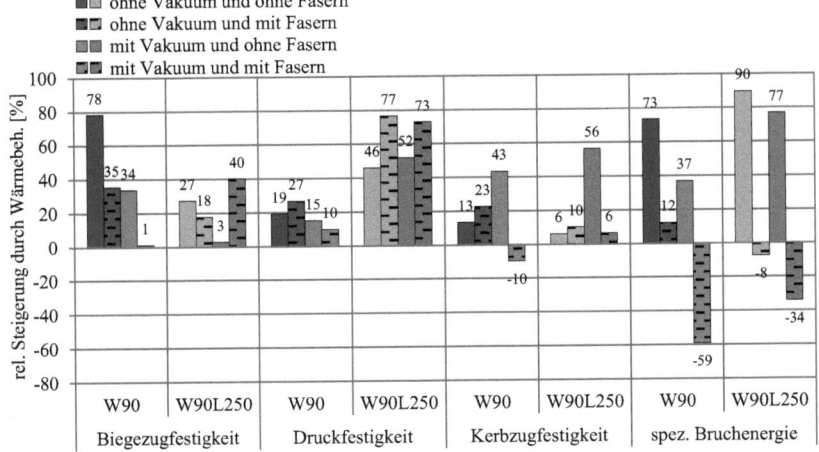

Abbildung 115: Steigerung der Festigkeiten durch Wärmebehandlung in Bezug auf die Normlagerung – getrennt nach Mischungen mit und Mischungen ohne Fasern (W90 Heißwasserlagerung 90°C, W90L250 Heißwasser-/Heißluftlagerung)

Bei der kombinierten Heißwasser/Heißluft-Nachbehandlung verhält es sich eher umgekehrt, die Mischung mit Fasern und Vakuum steigert die Biegezugfestigkeit durch diese Nachbehandlung am meisten. Die Druckfestigkeit wird durch beide Nachbehandlungsmethoden bei jeder Mischung gesteigert. Die Heißwasserbehandlung W90 wirkt bei den Vakuummischungen etwas weniger stark. Bei der kombinierten Heißwasser/Heißluft-Nachbehandlung ist so gut wie kein Einfluss des Vakuummischprozesses auf die Wirkung der Nachbehandlung zu erkennen. Die Kerbzugfestigkeit wird bei den Mischungen mit Vakuum, aber ohne Fasern, durch beide Nachbehandlungen am meisten gesteigert.

Die vakuumgemischten Fasermischungen bleiben hier etwas zurück, bei der W90-Nachbehandlung kommt es sogar zu einem Festigkeitsverlust. Bei der Betrachtung der spezifischen Bruchenergie ist zu erkennen, dass wieder beide Nachbehandlungsmethoden die größte Steigerung bei den Mischungen ohne Fasern und ohne Vakuum zeigen. Die Wirkung der Nachbehandlung wird durch den Vakuummischprozess bei den Mischungen ohne Fasern abgeschwächt. Bei den Fasermischungen kann nur die W90-Nachbehandlung eine geringe Steigerung der Bruchenergie bewirken. Bei den anderen Mischungen, speziell bei den vakuumgemischten, führen die Wärmebehandlungen zu einer deutlichen Verringerung der spezifischen Bruchenergie. Es kann hier festgestellt werden, dass auch die Wärmebehandlungen nicht zu einer Versprödung des Betongefüges führen, da diese zumindest bei den Mischungen ohne Fasern und ohne Vakuum zu einer deutlichen Steigerung der Bruchenergie in Bezug auf die Mischungen bei Normlagerung geführt haben.

Zusammenfassend bleibt festzustellen, dass der Vakuummischprozess in dieser Versuchsreihe (bis auf wenige Ausnahmen), die Wirkung der Fasern und auch der Wärmenachbehandlungen abgeschwächt hat. Das steht im Widerspruch zu allen vorher ausgeführten Untersuchungen. Die Mischungszusammensetzung unterscheidet sich praktisch nicht von der aus Abschnitt 4.4. Ein Einfluss des veränderten Vakuummischprozesses (Entlüftungsbeginn bereits während der Intensivmischphase) erscheint ebenfalls als unwahrscheinlich. *Dils et al.* [108] haben einen vergleichbaren Vakuummischprozess angewendet und nur positive Einflüsse auf die Druckfestigkeit erhalten. Trotz ausführlicher Analyse und Diskussion der Ergebnisse kann kein Grund für die negativen Auswirkungen des Vakuummischprozesses auf diese Versuchsreihe angegeben werden.

4.5.4 Schlussfolgerungen aus den Untersuchungen zu den bruchmechanischen Kenngrößen

Der verwendete Beton war fließfähig und selbstverdichtend. Es konnte bei der auftretenden Konsistenz weder ein Einfluss der Fasern noch ein Einfluss des Vakuummischprozesses auf das Ausbreitfließmaß festgestellt werden.

Trotz der bereits während des Intensivmischens beginnenden Entlüftung konnte der Luftgehalt nicht weiter abgesenkt werden als bei den weniger fließfähigen bzw. plastischen Betonen der vorangegangen Versuchsreihen.

Alle Festigkeiten wurden in dieser Versuchsreihe durch den Vakuummischprozess im Allgemeinen (bis auf wenige Ausnahmen) verschlechtert, speziell in Kombination mit der Faserzugabe.

Die Wärmenachbehandlungen und auch die Stahlfaserzugabe wirkten sich dagegen grundsätzlich positiv auf die Festigkeiten aus.

Die Stahlfasern bewirkten ein duktiles Bruchverhalten, was durch die enorme Steigerung der spezifischen Bruchenergie und damit auch durch eine größere charakteristische Länge zum Ausdruck kommt.

5 Zusammenfassung und Ausblick

Ultra High Performance Concrete (UHPC) ist ein Hochleistungs-Werkstoff, der durch seine spezielle Zusammensetzung herausragende Eigenschaften besitzt. Diese können durch den Mischprozess maßgeblich beeinflusst werden. In Hinblick auf einen Vakuummischprozess ist zu Beginn dieser Arbeit bekannt gewesen, dass durch das Anlegen eines Unterdruckes von etwa 60 mbar während der letzten Mischminute der Luftgehalt des frischen UHPC auf unter 1 Vol.-% reduziert werden kann. Dadurch sind praktisch keine Verdichtungsporen im Betongefüge vorhanden, was in weiterer Folge zu einer beträchtlichen Steigerung der Druckfestigkeit führt. Die durch Stahl- und PP-Fasern zusätzlich in die Mischung eingebrachte Luft kann mit einem Vakuummischprozess zuverlässig wieder entfernt werden.

In mehreren Arbeiten wurde bereits ein Vakuummischprozess angewendet, weitergehende Untersuchungen zum Vakuummischprozess selbst und zu dessen Auswirkungen auf den Beton wurden jedoch noch nicht ausgeführt.

Das Ziel dieser Arbeit war es, wesentliche Parameter und Einflüsse des Vakuummischprozesses in Kombination mit der Anwendung unterschiedlicher Nachbehandlungsmethoden und dem Einsatz unterschiedlicher Fasern zu untersuchen und die aus einer Variation dieser Parameter resultierenden Einflüsse auf die Eigenschaften des Betons darzustellen.

Die dazu ausgeführten Versuchsreihen lassen sich folgendermaßen zusammenfassen:

- Es wurden Untersuchungen zum Einfluss des Mischwerkzeugs (Wirbler), zur Höhe des Unterdrucks während des Entlüftens sowie zur Dauer der Entlüftungsphase durchgeführt. Zur Beurteilung der Einflüsse wurden Luftgehalt, Rohdichte und Konsistenz des Frischbetons sowie Biegezug- und Druckfestigkeit des Festbetons herangezogen.
- Es wurden Untersuchungen zum Einfluss des Vakuummischprozesses in Kombination mit sechs unterschiedlichen Nach-

behandlungsmethoden auf Biegezug-, Spaltzug- und Druckfestigkeit sowie die Porosität von UHPC ausgeführt. Die Frischbetoneigenschaften wurden ebenfalls bestimmt.

- Die Auswirkungen der Zugabe unterschiedlicher Fasern in Kombination mit dem Vakuummischprozess auf die Frischbetoneigenschaften, sowie die Biegezug-, Spaltzug- und Druckfestigkeit, den E-Modul und das Schwinden des Betons bei einer 20 °C-Wasserlagerung und einer 90 °C-Heißwasserbehandlung wurden untersucht.
- Es erfolgten Untersuchungen über die Auswirkungen des Vakuummischprozesses auf bruchmechanische Kenngrößen des Betons, sowie die Biegezug-, Spaltzug- und Druckfestigkeit, in Kombination mit drei unterschiedlichen Nachbehandlungsmethoden und der Zugabe von Stahlfasern. Die Frischbetoneigenschaften wurden hier ebenfalls untersucht.

Die gewonnenen Erkenntnisse aus diesen Versuchsreihen, für die 1120 Probekörper aus 152 Mischungen hergestellt und geprüft wurden, können zusammenfassend wie folgt angegeben werden:

- Die Entlüftung des Frischbetons durch den Vakuummischprozess wird durch die Verwendung der unterschiedlichen Wirbler kaum beeinflusst. Bei Atmosphärendruck liegt der Luftgehalt der Mischungen, die mit dem Sternwirbler hergestellt wurden, etwas über jenem der Mischungen, die mit dem Stiftenwirbler hergestellt wurden. Bei einem Unterdruck von 60 mbar lässt sich kein Unterschied feststellen.
- Die Frischbetonrohdichte korreliert mit dem Luftgehalt und dementsprechend gering ist auch hier der Einfluss der Wirbler.
- Das Ausbreitmaß fällt bei den Mischungen, die mit dem Stiftenwirbler hergestellt wurden, kleiner aus als bei den Mischungen, die mit dem Sternwirbler hergestellt wurden.
- Der Zusammenhang von Luftgehalt und Ausbreitmaß bzw. Ausbreitfließmaß hängt von der Konsistenz des Frischbetons ab: Je

Zusammenfassung und Ausblick

steifer die Konsistenz ist, desto mehr wird das Ausbreitmaß durch ein Entlüften verringert. Bei einer fließfähigen Konsistenz tritt keine Verringerung des Ausbreitfließmaßes mehr durch das Vakuummischen ein.

- Die Biegezugfestigkeit und die Druckfestigkeit der Mischungen, die mit dem Stiftenwirbler hergestellt wurden, liegen zu jedem Prüfzeitpunkt deutlich über jenen der Mischungen, die mit dem Sternwirbler hergestellt wurden, was auf eine besser Mischleistung des Stiftenwirbler zurückzuführen ist.

- Eine längere Entlüftungsphase als zwei Minuten hat praktisch keine Auswirkungen auf die untersuchten Eigenschaften des Betons. Die Entlüftungsdauer ist daher bis auf 90 s verkürzt worden, ohne dass sich der Luftgehalt des Betons erhöhte.

- Die Reduktion des Luftgehaltes ist bei einem Unterdruck von 200 mbar zwar schon beachtlich, bei 60 mbar aber erwartungsgemäß am größten. Deshalb sind alle weiteren Versuchsreihen mit dem von der Frischbetontemperatur abhängigen maximalen Unterdruck entlüftet worden.

- Die Betrachtung des Vakuummischprozesses in Hinblick auf die Kombination mit Wärmenachbehandlungen führt zu der Erkenntnis, dass sich die festigkeitssteigernden Wirkungen beider Maßnahmen nicht nur addieren, sondern gegenseitig sogar etwas verstärken. Im Grunde gilt das für alle geprüften Festigkeiten (Biegezug-, Spaltzug- und Druckfestigkeit). Nur bei einer Heißluftnachbehandlung bei 250 °C hat der Vakuummischprozess die Steigerung der Biegezugfestigkeit durch die Wärmenachbehandlung verringert.

- Je nach betrachteter Festigkeit und Prüfzeitpunkt kann eine Festigkeitssteigerung durch den Vakuummischprozess größer ausfallen als jene durch eine Wärmebehandlung.

- Die Porengrößenverteilung im Festbeton wird maßgeblich von der angewendeten Wärmenachbehandlungsmethode bestimmt. Der Vakuummischprozess verringert die Gesamtporosität deutlich. Die Porengrößenverteilung verändert sich dabei nicht wesentlich.

Zusammenfassung und Ausblick

- Im Hinblick auf die Verwendung unterschiedlicher Fasern im Beton kann festgestellt werden, dass der höhere Luftgehalt der Fasermischungen, in Abhängigkeit der verwendeten Fasern, in der Regel auf das Niveau faserloser Mischungen abgesenkt werden kann.
- Die Wirkung der Fasern wird, sowohl bei einer 20 °C-Wasserlagerung als auch bei einer 90 °C-Heißwasserbehandlung, durch den Vakuummischprozess im Allgemeinen verstärkt. Das gilt prinzipiell für alle untersuchten Festigkeiten.
- Der E-Modul wird durch den Vakuummischprozess nur minimal erhöht.
- Die Untersuchungen zum Schwinden lassen keine eindeutige Aussage zu. Vakuumgemischte Betone quellen tendenziell etwas weniger während einer Wasserlagerung. Nach der Wasserlagerung schwinden die vakuumgemischten Betone praktisch gleich wie die nicht vakuumgemischten. Diese Tendenz zeigt sich gleichermaßen bei einer 20 °C-Wasserlagerung und bei einer 90 °C-Heißwasserlagerung, deren positiver Einfluss etwas deutlicher hervortritt.
- Durch die Zugabe von Stahlfasern werden die Kerbzugfestigkeit, die spezifische Bruchenergie und die charakteristische Länge wesentlich erhöht, und es wird ein duktiles Bruchverhalten erreicht.
- Die Auswirkungen einer 90 °C-Heißwasser- und einer kombinierten 90 °C-Heißwasser-/250 °C-Heißluftnachbehandlung auf die genannten bruchmechanischen Kenngrößen sind im Verhältnis zur Faserwirkung nur gering.
- In der Versuchsreihe zu den bruchmechanischen Kenngrößen verschlechtert der Vakuummischprozess die mechanischen und bruchmechanischen Eigenschaften des Betons überwiegend. Eine genaue Betrachtung der einzelnen Einflüsse zeigt, dass weder der Vakuummischprozess noch die angewendeten Wärmebehandlungen zu einer Versprödung des Betongefüges führen. Erst die Kombination der Maßnahmen führt hier speziell bei den Mischungen mit den Stahlfasern, im Gegensatz zu allen anderen Versuchsreihen, zu einem negativen Einfluss des Vakuummischprozesses.

Zusammenfassung und Ausblick

Abschließend bleibt festzustellen, dass, obwohl sich zwar im Einzelfall auch negative Auswirkungen des Vakuummischprozesses einstellen können, die positiven Einflüsse bei Weitem überwiegen. Der Vakuummischprozess kann in Hinblick auf eine Festigkeitssteigerung von UHPC durchaus mit jenem einer Heißwasserbehandlung bei 90 °C verglichen werden. Die in dieser Arbeit angegebenen Erkenntnisse leisten einen Beitrag, die Auswirkungen des Vakuummischprozesses auf einige wichtige Eigenschaften von UHPC überblicksmäßig abzuschätzen.

Ultra High Performance Concrete wurde bereits für die Errichtung einiger beeindruckender Bauwerke verwendet. Auf Grund seiner herausragenden Eigenschaften konnten bereits auch Anwendungsgebiete außerhalb des klassischen Bauwesens, etwa im Maschinenbau oder im Architektur- und Designbereich, erschlossen werden. In nächster Zeit werden wohl weitere Einsatzgebiete hinzukommen, etwa im Hochhausbau, bei Off-Shore-Windkraftanlagen oder in Kombination mit textilen Bewehrungssystemen für dünnwandige Schalentragwerke, um nur einige zu nennen.

Derzeit ist UHPC an sich noch ein nicht geregeltes Bauprodukt. Jedes Bauvorhaben erfordert daher eine Zustimmung im Einzelfall oder eine Bauartzulassung von der obersten Baurechtsbehörde. Um die dafür notwendigen Nachweise erbringen zu können, ist es meist notwendig, zeit- und kostenintensive Versuche an maßstabsgetreuen Modellen oder an Bauteilen in Originalgröße durchzuführen.

Sobald die Bemühungen, Richtlinien für die Herstellung und Bemessungen von Bauteilen aus UHPC Ergebnisse liefern, aus denen verbindliche Regelwerke entstehen können, wird einer breiten Verwendung von UHPC vermutlich nichts im Wege stehen.

Eine klassische Mischungszusammensetzung, wie sie auch für die Untersuchungen in dieser Arbeit verwendet wurde, enthält jedoch verhältnismäßig viel Zement. Da die Herstellung von Zement aber ca. fünf bis acht Prozent der weltweiten CO_2-Emissionen verursacht, zielen viele Forschungsarbeiten darauf ab, den Zementgehalt von UHPC zu reduzieren, ohne dass der Beton an Festigkeit und Dauerhaftigkeit verliert. Durch den teilweisen Ersatz des Portlandzements durch Hüttensand oder Flugasche, die als Nebenprodukt aus anderen industriellen Prozessen entstehen, ist das bereits gelungen. Wird der Zementgehalt aber zu sehr reduziert, ist mit geringeren Festigkeiten zu rechnen, und eine Wärmebehandlung des Betons ist dann nahezu zwingend erforderlich.

Durch die im Allgemeinen festigkeitssteigernde Wirkung eines Vakuummischprozesses könnte eine Wärmebehandlung solcher zementarmen Betone unter Umständen vermieden bzw. in Kombination mit einem Vakuummischprozess zur Herstellung des Betons, auf eine verhältnismäßig ressourcenschonende Weise unterstützt werden.

Der Vakuummischprozess verändert die Mikrostruktur des Betons im Bereich der Kapillar- und Gelporen, was zu einer noch besseren Dauerhaftigkeit von UHPC führen könnte. Daraus lassen sich Ziele für weitere Untersuchungen ableiten.

Zurzeit beschäftigen sich auch andere Arbeiten mit dem Vakuummischprozess, was das Interesse, aber auch den vorhandenen Forschungsbedarf, zeigt.

Der Vakuummischprozess zur Herstellung von UHPC wird daher vermutlich in naher Zukunft weiter an Bedeutung gewinnen.

6 Literatur

[1] von Emperger, F.; Saliger, R.: Die Sicherheit gegen Feuer, Blitz und Rost; innerer Ausbau, Treppen, Kragbauten, Dachbauten, Kuppelgewölbe. Berlin: Ernst & Sohn, 1909.

[2] Pauser, A.: Brücken in Wien: Ein Führer durch die Baugeschichte. Wien, New York: Springer, 2005.

[3] Walz, K.: „Über die Herstellung von Betonen mit höchster Festigkeit". beton, Nr. 8, S. 339–340, 1966.

[4] Richard, P.; Cheyrezy, M.: „Composition of reactive powder concretes". Cement and Concrete Research, vol. 25, no. 7, pp. 1501–1511, Oct. 1995.

[5] Cheyrezy, M.; Maret, V.; Frouin, L.: „Microstructural analysis of RPC (Reactive Powder Concrete)". Cement and Concrete Research, vol. 25, no. 7, pp. 1491–1500, Okt. 1995.

[6] Bonneau, O.; Poulin, C.; Dugat, J.; Richard, P.; Aitcin, P.-C.: „Reactive Powder Concretes - From Theory to Practice". Concrete International, vol. 18, no. 4, pp. 47–49, 1996.

[7] Blais, P. Y.; Couture, M.: „Precast, Prestressed Pedestrian Bridge - World's First Reactive Powder Concrete Structure". PCI Journal, no. 44, pp. 60–71, Oct. 1999.

[8] „Structural: Ductal". [Online]. http://www.ductal-lafarge.com/wps/-portal/ductal/2_3_1Detail?WCM_GLOBAL_CONTEXT=/wps/wcm ¬/connectlib_ductal/Site_ductal/English_version/Page.Navigation.Str uctural.Footbridges/KeyProjectDuctal%20Page/KeyProjectDuctal_1 278713313528 [Zugegriffen: 15-Juni-2013].

Literatur

[9] Hecht, M.: „Practical use of fibre-reinforced UHPC in construction - production of precast elements for Wild-Brücke in Völkermarkt". In: Schmidt, M.; Fehling, E.; Glotzenbach, C.; Fröhlich, S.; Piotrowsky, S. (Hrsg.): Ultra-high performance concrete and nanotechnology in construction. Proceedings of Hipermat 2012. 3rd International Symposium on UHPC and Nanotechnology for High Performance Construction Materials. Kassel, March 7 - 9, 2012. S. 889–896.

[10] Russel, H. G.: „Long-Term Properties of High-Strength Concretes". Concrete Technology Today, vol. 14, no. 3, pp. 1–4, Nov. 1993.

[11] „Two Union Square In Seattle - Tallest Buildings And Landmarks Wallpaper Image". [Online]. http://ayay.co.uk/background/buildings_and_landmarks/tallest/two-union-square-in-seattle [Zugegriffen: 15-Juni-2013].

[12] „Petronas Towers". Wikipedia, 08-Juni-2013.

[13] „Taipei 101". Wikipedia, 14-Juni-2013.

[14] „Burj Khalifa". Wikipedia, 14-Juni-2013.

[15] Rümmelin, A. T.: Entwicklung, Bemessung, Konstruktion und Anwendung von ultrahochfesten Betonen. Diplomarbeit. Fachhochschule Stuttgart - Hochschule für Technik. Stuttgart, 2005.

[16] Schachinger, I.; Schubert, J.; Stengel, T.; Schmidt, K.; Hilbig, H.: „Ultrahochfester Beton - Bereit für die Anwendung?", In: Heinz, D. (Hrsg): Festschrift zum 60. Geburtstag von Prof. Schießl. München: Centrum Baustoffe und Materialprüfung, TU München, 2003.

[17] Sagmeister, B.: „On The Way to Micrometer Scale: Application of UHPC in Machinery Construction", In: Schmidt, M.; Fehling, E.; Glotzenbach, C.; Fröhlich, S.; Piotrowsky, S. (Hrsg.): Ultra-high performance concrete and nanotechnology in construction. Proceedings of Hipermat 2012. 3rd International Symposium on UHPC and Nanotechnology for High Performance Construction Materials. Kassel, March 7 - 9, 2012. S. 819–823.

[18] Ibuk, H.; Beckhaus, K.: „Ultra High Performance Concrete for Drill Bits in Special Foundation Engineering", In: Schmidt, M.; Fehling, E.; Glotzenbach, C.; Fröhlich, S.; Piotrowsky, S. (Hrsg.): Ultra-high performance concrete and nanotechnology in construction. Proceedings of Hipermat 2012. 3rd International Symposium on UHPC and Nanotechnology for High Performance Construction Materials. Kassel, March 7 - 9, 2012. 2012, S. 807–810.

[19] „Uwe Will - Maler und Bildhauer". [Online]. http://www.uwewill.de/Start.html [Zugegriffen: 15-Mai-2013].

[20] Biscoping, M.; Drössler, T.: „Betonskulptur in Hagen". Beton-Information, Nr. 1, 2013, S. 10-11.

[21] Kirnbauer, J.: „UHPC als Spritzbeton zur Herstellung von luftigleichten Skulpturen und Schalentragwerken", In: Bruckner, H. (Hrsg.): EVENTMATERIALS - Materialtechnologie & Eventinnovationen. Beiträge zum internationalen Symposium vom 18.-19.10.2012 am Institut für Hochbau und Technologie an der TU Wien und an der NDU St. Pölten. Wien: TU Wien – Institut für Hochbau und Technologie, 2012, Bd. 1, S. 14–27.

[22] Sobek, W.: Auf pneumatisch gestützten Schalungen hergestellte Betonschalen. Dissertation, Universität Stuttgart, Stuttgart, 1987.

[23] Reschke, T.: Der Einfluss der Granulometrie der Feinstoffe auf die Gefügeentwicklung und die Festigkeit von Beton. Düsseldorf: Verlag Bau + Technik, 2001.

[24] Teichmann, T.: Einfluss der Granulometrie und des Wassergehaltes auf die Festigkeit und Gefügedichtigkeit von Zementstein. Kassel: Kassel University Press, 2008.

[25] Schmidt, M.; Geisenhanslüke, C.: „Optimierung der Zusammensetzung des Feinstkorns von ultra-hochleistungs- und von selbstverdichtendem Beton". beton, Nr. 5, S. 224, 2005.

[26] Moosberg-Bustnes, H.; Lagerblad, B.; Forssberg, E.: „The function of fillers in concrete". Materials and Structures, vol. 37, no. 2, pp. 74–81, Mar. 2004.

[27] Szpiro, G. G.: Die Keplersche Vermutung. Wie Mathematiker ein 400 Jahre altes Rätsel lösten. Berlin; Heidelberg: Springer, 2011.

[28] Geisenhanslüke, C.: Einfluss der Granulometrie von Feinstoffen auf die Rheologie von Feinstoffleimen. Dissertation, Universität Kassel, Kassel, 2009.

[29] Nolan, G. T.; Kavanagh, P. E.: „Computer simulation of random packing of hard spheres". Powder Technology, vol. 72, no. 2, pp. 149–155, Oct. 1992.

[30] Stovall, T.; de Larrard, F.; Buil, M.: „Linear packing density model of grain mixtures". Powder Technology, vol. 48, no. 1, pp. 1–12, Sep. 1986.

[31] Oger, L.; Troadec, J. P.; Bideau, D.; Dodds, J. A.; Powell, M. J.: „Properties of disordered sphere packings I. Geometric structure: Statistical model, numerical simulations and experimental results". Powder Technology, vol. 46, no. 2–3, pp. 121–131, Apr. 1986.

[32] Rodríguez, J.; Allibert, C. H.; Chaix, J. M.: „A computer method for random packing of spheres of unequal size". Powder Technology, vol. 47, no. 1, pp. 25–33, Mar. 1986.

[33] Standish, N.; Borger, D. E.: „The porosity of particulate mixtures". Powder Technology, vol. 22, no. 1, pp. 121–125, Jan. 1979.

[34] Fuller, W. B.; Thompson, S. E.: „The Laws of Proportioning Concrete". Transactions of the American Society of Civil Engineers, vol. LVII, no. 2, pp. 67–143, Jul. 1906.

[35] Andreasen, A. H. M.: „Über die Beziehung zwischen Kornabstufung und Zwischenraum in Produkten aus losen Körnern (mit einigen Experimenten)". Kolloid-Zeitschrift, Bd. 50, Nr. 3, S. 217–228, März 1930.

[36] Furnas, C. C.: The relations between specific volume, voids, and size composition in systems of broken solids of mixed sizes. Washington D.C.: U.S. Dept. of Commerce, Bureau of Mines, 1928.

[37] Geisenhanslüke, C.: „Modellierung und Berechnung hochdichter Feinstkornpackungen für Beton". Beton- und Stahlbetonbau, Bd. 100, Nr. S2, S. 65–68, 2005.

[38] de Larrard, F.; Sedran, T.: „Optimization of ultra-high-performance concrete by the use of a packing model". Cement and Concrete Research, vol. 24, no. 6, pp. 997–1009, 1994.

[39] Schachinger, A. I.: Maßnahmen zur Herstellung von rissefreien Bauteilen aus ultrahochfestem Beton mit hoher Duktilität. Dissertation, TU München, München, 2007.

[40] Mooney, M.: „The viscosity of a concentrated suspension of spherical particles". Journal of Colloid Science, vol. 6, no. 2, pp. 162–170, Apr. 1951.

[41] de Larrard, F.: „A General Model for the Prediction of Voids Contents in High Performance Mix Design". Proceedings of ACI/CANMET Advances in Concrete Technology, Athens, May 1992.

[42] de Larrard, F.: „Ultrafine particles for the making of very high strength concretes". Cement and Concrete Research, vol. 19, no. 2, pp. 161–172, Mar. 1989.

[43] McGeary, R. K.: „Mechanical Packing of Spherical Particles". Journal of the American Ceramic Society, vol. 44, no. 10, pp. 513–522, 1961.

[44] Yu, A. B.; Standish, N.: „A study of the packing of particles with a mixture size distribution". Powder Technology, vol. 76, no. 2, pp. 113–124, Aug. 1993.

[45] Yu, A. B.; Bridgwater, J.; Burbidge, A.: „On the modelling of the packing of fine particles". Powder Technology, vol. 92, no. 3, pp. 185–194, Aug. 1997.

[46] Rosin, P.; Rammler, E.: „Die Kornzusammensetzung des Mahlgutes im Lichte der Wahrscheinlichkeitslehre". Kolloid-Zeitschrift, Bd. 67, Nr. 1, S. 16–26, Apr. 1934.

[47] DIN 66145: Darstellung von Korn-(Teilchen-)größenverteilungen - RRSB-Netz. 1976.

[48] Schwanda, F.: „Der Hohlraumgehalt von Korngemischen". beton, Bd. 9, S. 12–19, 1959.

[49] Schwanda, F.: „Der Hohlraumgehalt von Korngemischen - Ein Vergleich rechnerisch gewonnener Werte mit versuchsmäßig ermittelten". beton, Bd. 9, S. 427–431, 1959.

[50] Fennis-Huijben, S. A. A. M.: Design of ecological concrete by particle packing optimization. Dissertation, Universität Delft, Delft, 2011.

[51] Geisenhansluke, C.: Herleitung eines dreidimensionalen Partikelverteilungsmodells zur Entwicklung verbesserter UHPC-Mischungen. Diplomarbeit, Universität Kassel, Kassel, 2002.

[52] Geisenhansluke, C.; Schmidt, M.; Teichmann, T.: „Optimierung der Packungsdichte des Feinstkorns für Ultra-Hochleistungs- und selbstverdichtende Betone", In: Schmidt, M.; Fehling, E. (Hrsg.): Ultra high performance concrete (UHPC). 10 Jahre Forschung und Entwicklung an der Universität Kassel. Kassel: Kassel University Press, 2007, S. 165–183.

[53] Bonneau, O.; Lachemi, M.; Dallaire, E.; Dugat, J.; Aitcin, P.-C.: „Mechanical Properties and Durability of two Industrial Reactive Powder Concretes". ACI Materials Journal, vol. 94, no. 4, Jul. 1997.

[54] Siebel, E.; Müller, C.: „Geeignete Zemente für die Herstellung von UHFB", In: König, G.; Holschemacher, K.; Dehn, F. (Hrsg.): Innovationen im Bauwesen. Ultrahochfester Beton. Berlin: Bauwerk-Verlag, 2003, S. 13–18.

[55] Schmidt, M.; Fehling, E. (Hrsg.): Entwicklung, Dauerhaftigkeit und Berechnung ultrahochfester Betone (UHPC). Forschungsbericht DFG FE 497/1-1. Kassel: Kassel University Press, 2005.

[56] Flatt, R. J.; Houst, Y. F.: „A simplified view on chemical effects perturbing the action of superplasticizers". Cement and Concrete Research, vol. 31, no. 8, pp. 1169–1176, Aug. 2001.

[57] Deuse, T.; Parker, F.; Sprunge, J.: „Spezialzemente zur Herstellung von Hochleistungsbetonen". beton, Nr. 10, 2008.

[58] Chan, Y.-W.; Chu, S.-H.: „Effect of silica fume on steel fiber bond characteristics in reactive powder concrete". Cement and Concrete Research, vol. 34, no. 7, pp. 1167–1172, Jul. 2004.

[59] Dehn, F.: „Ultrahochfester Beton", In: Fraunhofer-Informationszentrum Raum und Bau (Hrsg.): Arconis spezial. Ultrahochfester Beton. Forschungsergebnisse, Entwicklungen, Projekte. Stuttgart: Fraunhofer-IRB-Verlag, 2004, S. 60–64.

[60] König, G.; Tue, N. V.; Zink, M.: Hochleistungsbeton. Bemessung, Herstellung und Anwendung. Berlin: Ernst & Sohn, 2001.

[61] Heinz, D.; Urbonas, L.; Gerlicher, T.: „Effect of Heat Treatment Method on the Properties of UHPC", In: Schmidt, M.; Fehling, E.; Glotzenbach, C.; Fröhlich, S.; Poitrowsky, S. (Hrsg.): Ultra-high performance concrete and nanotechnology in construction. Proceedings of Hipermat 2012. 3rd International Symposium on UHPC and Nanotechnology for High Performance Construction Materials. Kassel, March 7 - 9, 2012. 2012, S. 215–224.

[62] Gerlicher, T.; Heinz, D.; Urbonas, L.: „Effect of Finely Ground Blast Furnace Slag on the Properties of Fresh and Hardened UHPC", In: Fehling, E.; Schmidt, M.; Stürwald, S. (Hrsg.): Ultra high performance concrete (UHPC). Proceedings of the Second International Symposium on Ultra High Performance Concrete. Kassel, Germany, March 05-07, 2008. S. 425–432.

[63] Zanni, H.; Cheyrezy, M.; Maret, V.; Philippot, S.; Nieto, P.: „Investigation of hydration and pozzolanic reaction in Reactive Powder Concrete (RPC) using ^{29}Si NMR". Cement and Concrete Research, vol. 26, no. 1, pp. 93–100, Jan. 1996.

[64] Stengel, T.; Lowke, D.; Mazanec, O.; Schießl, P.; Gehlen, C.: „UHPC mit alternativen Zusatzstoffen – Rheologie und Faserverbund". Beton- und Stahlbetonbau, Bd. 106, Nr. 1, S. 31–38, 2011.

[65] Kessler, H.-G.: „Kugelmodell für Ausfallkörnungen dichter Betone". Betonwerk und Fertigteil-Technik, Nr. 11, S. 63–76, 1994.

[66] Schmidt, M.; Fehling, E.; Teichmann, T.; Bunje, K.; Bornemann, R.: „Ultra-Hochfester Beton. Perspektive für die Betonfertigteilindustrie". Betonwerk und Fertigteil-Technik, Nr. 3, S. 16–29, 2003.

[67] ÖNORM EN 934-2: Zusatzmittel für Beton, Mörtel und Einpressmörtel – Teil 2: Betonzusatzmittel – Definitionen, Anforderungen, Konformität, Kennzeichnung und Beschriftung. 2012.

[68] Hirsch, C.: Untersuchungen zur Wechselwirkung zwischen polymeren Fließmitteln und Zementen bzw. Mineralphasen der frühen Zementhydratation. Dissertation, TU München, München, 2005.

[69] Schmidt, M. (Hrsg.): Ultrahochfester Beton. Sachstandsbericht. Berlin; Wien; Zürich: Beuth Verlag, 2008.

[70] BASF Construction Polymers GmbH: „Technisches Merkblatt - Wirkung von Fließmitteln in zementgebundenen Baustoffen". 2008.

[71] Haiden, G.: „Einfluss der Polacarboxylat-Kettenlänge auf die Betoneigenschaften". Zement und Beton, Bd. 5, S. 14–15, 2009.

[72] ÖNORM B 4710-1: Beton - Teil 1: Festlegung, Herstellung, Verwendung und Konformitätsnachweis. 2007.

[73] Locher, F. W.: Zement. Grundlagen der Herstellung und Verwendung. Düsseldorf: Verlag Bau und Technik, 2000.

[74] Efes, Y.; Schröder, P.: „Faserprodukte für Beton – Zulassungsgrundsätze fertig gestellt". DIBt Mitteilungen, Bd. 35, Nr. 6, S. 209–212, 2004.

[75] Holschemacher, K.; Dehn, F.; Klug, Y.: „Grundlagen des Faserbetons", In: Bergmeister, K.; Fingerloos, F.; Wörner, J.-D. (Hrsg.): Beton-Kalender 2011. Berlin: Ernst & Sohn, 2011, S. 19–88.

[76] Zorn, H.: „Alkaliresistente Glasfasern – von der Herstellung bis zur Anwendung", In: Curbach, M. (Hrsg.): Textile Reinforced Structures. Proceedings of the 2nd Colloqium on Textile Reinforced Structures (CTRS2). Dresden, Sonderforschungsbereich 528. Dresden: TU Dresden, 2003, S. 1–14.

[77] Yuan, Y.; Peng, D.; Shao, X.: „Crack control in reinforced concrete beam using PVA fiber", In: Yuan, Y; Sha, S. P.; Lü, H. (Hrsg.): Pro32. International Conference on Advances in Concrete and Structures – ICACS 2003. Xuzhou, Jiangsu, China, 17-19 September 2003. Bagneux: RILEM Publications, 2003, pp. 1043–1050.

[78] Zhu, H. W.; Xu, C. L.; Wu, D. H.; Wei, B. Q.; Vajtai, R.; Ajayan, P. M.: „Direct Synthesis of Long Single-Walled Carbon Nanotube Strands". Science, vol. 296, no. 5569, pp. 884–886, Mar. 2002.

[79] Reilly, R. M.: „Carbon Nanotubes. Potential Benefits and Risks of Nanotechnology in Nuclear Medicine". [Online]. http://jnm.snmjournals.org. [Zugegriffen: 30-Mai-2013].

[80] Iijima, S.: „Helical microtubules of graphitic carbon". Nature, vol. 354, no. 6348, pp. 56–58, Nov. 1991.

[81] Moller, B.: Herstellung, Charakterisierung und Weiterverarbeitung von Carbon Nanotube Dispersionen. Dissertation, Universität Stuttgart, Stuttgart, 2013.

[82] Iijima; S.; Ichihashi, T.: „Single-shell carbon nanotubes of 1-nm diameter". Nature, vol. 363, no. 6430, pp. 603–605, Jun. 1993.

[83] Leutbecher, T.: Rissbildung und Zugtragverhalten von mit Stabstahl und Fasern bewehrtem ultrahochfesten Beton (UHPC). Kassel: Kassel University Press, 2008.

[84] Hegger, J.; Will, N.; Curbach, M.; Jesse, F.: „Tragverhalten von textilbewehrtem Beton". Beton- und Stahlbetonbau, Bd. 99, Nr. 6, S. 452–455, 2004.

[85] Zielinsky, K.; Olszewski, V.: „Der Einfluss von Basaltfasern auf ausgewählte physische und mechanische Eigenschaften von Zementmörtel". Betonwerk und Fertigteil-Technik, Nr. 3, S. 28–33, 2005.

[86] Jesse, F.: Tragverhalten von Filamentgarnen in zementgebundener Matrix. Dissertation, TU Dresden, Dresden, 2004.

[87] Schneider, U.; Horvath, J.: Herstellung und Eigenschaften von Ultra-Hochleistungsbetonen. Schriftenreihe des Instituts für Baustofflehre, Bauphysik und Brandschutz. Heft 8. Wien: TU Wien, 2003.

[88] Orgass, M.; Klug, Y.: „Steel Fibre Reinforced Ultra-High Strength Concretes", In: Leipzig annual civil engineering report. LACER no. 9, Leipzig: Universität Leipzig, Wirtschaftliche Fakultät, Fachgruppe Bau- und Wirtschaftsingenieure, 2004, S. 233–244.

[89] Eppers, S.; Müller, C.: „Autogenous Shrinkage Strain of Ultra-High-Performance Concrete (UHPC)", In: Fehling, E.; Schmidt, M.; Stürwald, S. (Hrsg.): Ultra high performance concrete (UHPC). Proceedings of the Second International Symposium on Ultra High Performance Concrete. Kassel, Germany, March 05-07, 2008. pp. 433–441.

[90] Zhang, J.; Li, V. C.: „Influences of Fibers on Drying Shrinkage of Fiber-Reinforced Cementitious Composite". Journal of Engineering Mechanics, vol. 127, no. 1, S. 37–44, Jan. 2001.

[91] Schneider, U.; Horvath, J.: „Abplatzverhalten an Tunnelinnenschalenbeton - Beitrag zur Reduzierung von Abplatzungen". Beton- und Stahlbetonbau, Bd. 97, Nr. 4, S. 185–190, 2002.

[92] Schneider; U.; Diederichs, U.: „Verhalten von Ultrahochfesten Betonen (UHPC) unter Brandbeanspruchung". Beton- und Stahlbetonbau, Bd. 98, Nr. 7, S. 408–417, 2003.

[93] Horvath, J.: Beiträge zum Brandverhalten von Hochleistungbetonen. Dissertation, TU Wien, Wien, 2003.

[94] Kalifa, P.; Chéné, G.; Gallé, C.: „High-temperature behaviour of HPC with polypropylene fibres. From spalling to microstructure". Cement and Concrete Research, vol. 31, no. 10, pp. 1487–1499, Oct. 2001.

[95] Wille, K.; Loh, K. J.: „Nanoengineering Ultra-High-Performance Concrete with Multiwalled Carbon Nanotubes". Transportation Research Record. Journal of the Transportation Research Board, no. 2142, pp. 119–126, 2010.

[96] Kowald, T.: „Influence of surface-modified Carbon Nanotubes on Ultra- High Performance Concrete", In: Schmidt, M.; Fehling, E.; Geisenhansluke, C. (Hrsg.): Ultra high performance concrete (UHPC). Proceedings of the International Symposium on Ultra High Performance Concrete. Kassel, Germany, September 13-15, 2004. pp. 195-202.

[97] Konsta-Gdoutos, M. S.; Metaxa, Z. S.; Shah, S. P.: „Highly dispersed carbon nanotube reinforced cement based materials". Cement and Concrete Research, vol. 40, no. 7, pp. 1052–1059, Jul. 2010.

[98] Konsta-Gdoutos, M. S.; Metaxa, Z. S.; Shah, S. P.: „Multi-scale mechanical and fracture characteristics and early-age strain capacity of high performance carbon nanotube/cement nanocomposites". Cement and Concrete Composites, vol. 32, no. 2, pp. 110–115, Feb. 2010.

[99] Kowald, T.; Dörbaum, N.; Jing, X.; Trettin, R.; Städler, T.: „Influence of Carbon Nanotubes on the micromechanical properties of a model system for ultra-high performance concrete",. In: Fehling, E.; Schmidt, M.; Stürwald, S. (Hrsg.): Ultra high performance concrete (UHPC). Proceedings of the Second International Symposium on Ultra High Performance Concrete. Kassel, Germany, March 05-07, 2008. Kassel: Kassel University Press, 2008, S. 129–134.

[100] Hirai, T.: „Use of Continuous Fibers for Reinforcing Concrete". Concrete International, vol. 14, no. 12, pp. 58–60, 1992.

[101] Klug, Y.: „Anwendung textiler Bewehrungen im Betonbau", In: Dehn, F.; Holschemacher, K.; Tue, N. V. (Hrsg.): Faserverbundwerkstoffe. Innovationen im Bauwesen. Beiträge aus Praxis und Wissenschaft. Berlin: Bauwerk, 2005, S. 141–160.

[102] „SFB 532 Textilbeton". [Online]. http://www.textilbeton-aachen.de/. [Zugegriffen: 02-Juni-2013].

[103] Nold, P.: Warum mischen nicht alle Beton-Mischer ‚gut'?". bft international, Bd. 01, S. 36–42, 2012.

[104] Stiess, M.: Mechanische Verfahrenstechnik, 3. Aufl. Berlin: Springer, 2009.

[105] Löbe, R.; Nold, P.: „Guter Mischer, guter Beton: der erste Schritt auf dem Weg zum Erfolg". BetonWerk International, Nr. 3, S. 54-77, Jun. 2004.

[106] Juhart, J.: Adhäsion von UHPC an Stahl und Glas. Dissertation. TU Graz. Graz, 2011.

[107] Seiler, A.; Kasten, K.; und Seidel, M.: „Aufbereitung und betrieblicher Transport von UHPC". Betonwerk und Fertigteil-Technik, Bd. 70, Nr. 4, S. 14–20, 2004.

[108] Dils, J.; De Schutter, G.; Boel, V.: „Influence of vacuum mixing on the microstructure of RPC", In: 3rd International Conference on the Durability of Concrete Structures : Book of Abstracts. Belfast, 2012, S. 1–5.

[109] Heuer, D.: „Eine ganz andere Mischtechnik". Betonwerk und Fertigteil-Technik, Bd. 1, 2011.

[110] Lowke, D.; Pötz, M.; Schießl, P.: „Optmierung des Mischablaufs für selbstverdichtende Betone". beton, Nr. 12, S. 614–617, 2005.

[111] Dils, J.; De Schutter, G.; Boel, V.: „Influence of mixing procedure and mixer type on fresh and hardened properties of concrete: a review". Materials and Structures, vol. 45, no. 11, pp. 1673-1683, Nov. 2012.

[112] Chopin, D.; de Larrard, F.; Cazacliu, B.: „Why do HPC and SCC require a longer mixing time?". Cement and Concrete Research, vol. 34, no. 12, pp. 2237–2243, Dec. 2004.

[113] Mazanec, O.; Lowke, D.; Schießl, P.: „Mixing of high performance concrete: effect of concrete composition and mixing intensity on mixing time". Materials and Structures, vol. 43, no. 3, pp. 357–365, Apr. 2010.

[114] Safranek, K.: Einfluss unterschiedlicher Mischprozesse auf die Festigkeit ultrahochfester Betone. Diplomarbeit, TU Wien, Wien, 2007.

[115] Naaman, A.; Wille, K.: „The Path to Ultra-High Performance Fiber Reinforced Concrete (UHP-FRC): Five Decades of Progress", In: Schmidt, M.; Fehling, E.; -Glotzenbach, C.; Fröhlich, S.; Poitrowsky, S. (Hrsg.): Ultra-high performance concrete and nanotechnology in construction. Proceedings of Hipermat 2012, 3rd International Symposium on UHPC and Nanotechnology for High Performance Construction Materials, Kassel, March 7 - 9, 2012. S. 3–15.

[116] Fernàndez-Altable, V.; Casanova, I.: „Influence of mixing sequence and superplasticiser dosage on the rheological response of cement pastes at different temperatures". Cement and Concrete Research, vol. 36, no. 7, pp. 1222–1230, Jul. 2006.

[117] Baehr, H. D.; Kabelac, S.: Thermodynamik. Grundlagen und technische Anwendungen. 15. Aufl. Berlin; Heidelberg: Springer, 2012.

[118] Lowke, D.; Stengel, T.; Schießl, P.; Gehlen, C.: „Control of Rheology, Strength and Fibre Bond of UHPC with Additions – Effect of Packing Density and Addition Type", In: Schmidt, M.; Fehling, E.; Glotzenbach, C.; Fröhlich, S.; Poitrowsky, S. (Hrsg.): Ultra-high performance concrete and nanotechnology in construction. Proceedings of Hipermat 2012. 3rd International Symposium on UHPC and Nanotechnology for High Performance Construction Materials. Kassel, March 7 - 9, 2012. S. 215–224.

[119] Dehn, F.: „Herstellung, Verarbeitung und Qualitätssicherung von UHPC", In: Schmidt, M.; Fehling, E. (Hrsg.): Ultra-hochfester Beton. Planung und Bau der ersten Brücke mit UHPC in Europa. Tagungsbeiträge zu den 3. Kasseler Baustoff- und Massivbautagen. Kassel: Kassel University Press, 2003, S. 37–47.

[120] Kirnbauer, J.; Deix, K.: „UHPC als Spritzbeton zur Herstellung von luftig-leichten Skulpturen" In: Kolloquium 2011 - Forschung & Entwicklung für Zement und Beton. Kurzfassung der Beiträge. Wien: Vereinigung der österreichischen Zementindustrie, 2011.

[121] Reda, M.; Shrive, N.; Gillott, J.: „Microstructural investigation of innovative UHPC". Cement and Concrete Research, vol. 29, no. 3, pp. 323–329, Mar. 1999.

[122] Garas, V. Y.; Kurtis, K. E.; Kahn, L. F.: „Creep of UHPC in tension and compression: Effect of thermal treatment". Cement and Concrete Composites, vol. 34, no. 4, pp. 493–502, Apr. 2012.

[123] Schmitdt, M.; Fehling, E. (Hrsg.): Entwicklung, Dauerhaftigkeit und Berechnung ultrahochfester Betone (UHPC). Forschungsbericht DFG FE 497/1-1. Kassel: Kassel University Press, 2005.

[124] Scheydt, J. C.; Müller, H. S.: „Microstructure of Ultra High Performance Concrete (UHPC) and its Impact on Durability", In: Schmidt, M.; Fehling, E.; Glotzenbach, C.; Fröhlich, S.; Poitrowsky, S. (Hrsg.): Ultra-high performance concrete and nanotechnology in construction. Proceedings of Hipermat 2012. 3rd International Symposium on UHPC and Nanotechnology for High Performance Construction Materials. Kassel, March 7 - 9, 2012. S. 349–356.

[125] Dudziak, L.; Mechtcherine, V.: „Mitigation of volume changes of Ultra-High Performance Concrete (UHPC) by using Super Absorbent Polymers", In: Fehling, E.; Schmidt, M.; Stürwald, S. (Hrsg.): Ultra high performance concrete (UHPC). Proceedings of the Second International Symposium on Ultra High Performance Concrete. Kassel, Germany, March 05-07, 2008. S. 425–432.

[126] Grübl, P.; Karl, S.; Weigler, H.: Beton: Arten, Herstellung und Eigenschaften, 2. Aufl. Berlin: Ernst & Sohn, 2001.

[127] Reinhardt, H. W.: „Beton", In: Bergmeister, K.; Wörner, J.-D. (Hrsg.): Beton-Kalender 2002, Bd. 1, Berlin: Ernst & Sohn, 2001.

[128] Griffith, A. A.: „The Phenomena of Rupture and Flow in Solids". Philosophical Transactions of the Royal Society of London. Series A, Containing Papers of a Mathematical or Physical Character, vol. 221, no. 582–593, pp. 163–198, Jan. 1921.

[129] Bölcskey, E.; Schneider, U.: „Die Zerbrechlichkeit der ‚Transparenten (Glas-) Architektur' - bruchmechanisch betrachtet", In: Bruckner, H. (Hrsg.): EVENTMATERIALS - Materialtechnologie & Eventinnovationen. Beiträge zum internationalen Symposium vom 18.-19.10.2012 am Institut für Hochbau und Technologie an der TU Wien und an der NDU St. Pölten. Wien: TU Wien – Institut für Hochbau und Technologie, 2012, Bd. 1, S. 45–86.

[130] Gross. D.; Seelig,T.: Bruchmechanik - Mit einer Einführung in die Mikromechanik, 4. Aufl. Berlin, Heidelberg: Springer, 2007.

[131] Kuna, M.: Numerische Beanspruchungsanalyse von Rissen: Finite Elemente in der Bruchmechanik. Wiesbaden: Vieweg + Teubner, 2008.

[132] Wittmann, F.; Zaitsev, J.: Bestimmung physikalischer Eigenschaften des Zementsteins: Verformung und Bruchvorgang poröser Baustoffe bei kurzzeitiger Belastung und Dauerlast. Berlin, München, Düsseldorf: Ernst & Sohn, 1974.

[133] Gvozdev, A. A.: Rascjot nesuscej spsobnosti konstrukcij pro metodu redelnogo ravnoyesija (Berechnung der Tragfähigkeit der Konstruktionen nach dem Verfahren des Gleichgewichts im Grenzzustand). Moskau: Gosstrojizdat, 1949.

[134] Rüsch, H.: „Physikalische Fragen der Betonprüfung". Zement-Kalk-Gips, Bd. 12, Nr. 1, S. 1–9, 1959.

[135] Kaplan, M. F.: „Crack Propagation and the Fracture of Concrete". Journal of the American Concrete Institute, vol. 58, pp. 591–609, 1961.

[136] Richard, H. A.; Sander, M.: Ermüdungsrisse: Erkennen, sicher beurteilen, vermeiden. Wiesbaden: Vieweg + Teubner, 2009.

[137] Blumenauer, H.; Pusch,V.: Technische Bruchmechanik, 1. Aufl. Leipzig: Deutscher Verlag für Grundstoffindustrie, 1982.

[138] Schwalbe, K.: Bruchmechanik metallischer Werkstoffe, 1. Aufl. München, Wien: Hanser, 1980.

[139] Dugdale, D. S.: „Yielding of steel sheets containing slits". Journal of the Mechanics and Physics of Solids, vol. 8, no. 2, pp. 100–104, 1960.

[140] Barenblatt, G. I.: „The Mathematical Theory of Equilibrium Cracks in Brittle Fracture". Advances in Applied Mechanics, vol. 7, pp. 55–129, 1962.

[141] Hillerborg, A.; Modéer, M.; Petersson, P.-E.: „Analysis of crack formation and crack growth in concrete by means of fracture mechanics and finite elements". Cement and Concrete Research, vol. 6, no. 6, pp. 773–781, Nov. 1976.

[142] Ma, J.; Schneider, H.; Wu, Z.: „Bruchmechanische Kenngrößen von UHFB", In: König, G.; Holschemacher, K.; Dehn, F. (Hrsg.): Ultrahochfester Beton. Innovationen im Bauwesen. Berlin: Bauwerk-Verlag, 2003, S. 121–130.

[143] Brühwiler, E.: Bruchmechanik von Staumauerbeton unter quasi-statischer und erdbebendynamischer Belastung. Dissertation. EPFL Lausanne. Lausanne, 1988.

[144] Hillerborg, A.: „Results of three comparative test series for determining the fracture energy GF of concrete". Materials and Structures, vol. 18, no. 5, pp. 407–413, Sep. 1985.

[145] Rao, G. A.; Prasad, B. K. R.: „Fracture energy and softening behavior of high-strength concrete". Cement and Concrete Research, vol. 32, no. 2, pp. 247–252, Feb. 2002.

[146] Guinea, G. V.; El-Sayed, K.; Rocco, C. G.; Elices, M.; Planas, J.: „The effect of the bond between the matrix and the aggregates on the cracking mechanism and fracture parameters of concrete". Cement and Concrete Research, vol. 32, no. 12, pp. 1961–1970, Dec. 2002.

[147] Hilsdorf, H. K.: „Stoffgesetze für Beton in der CEB-FIP Mustervorschrift M90", In: Budelmann, H. (Hrsg.): Technologie und Anwendung der Baustoffe (Festschrift Prof. Rostasy). Berlin: Ernst & Sohn, 1992, S. 95–104.

[148] CEB - Comite Euro-Internation du Beton (Hrsg.): „CEB-FIP Model Code 1990". Bulletin D' Information, Nr. 213/214, 1993.

[149] Petersson, P. E.: „Crack growth and development of fracture zones in plain concrete and similar materials". Report TVBM 1006; Division of Building Materials; Lund Institute of Technology; Sweden, 1981.

[150] Li, H.: Bruchverhalten von Beton unter Zugbelastung. Dissertation, RWTH Aachen, Aachen, 1996.

[151] Trunk, B. G.: Einfluss der Bauteilgröße auf die Bruchenergie von Beton. Dissertation, ETH Zürich, Zürich, 1999.

[152] Tschegg, E. K.; Linsbauer, H. N.: „Prüfeinrichtung zur Ermittlung von bruchmechanischen Kennwerten". A-233/861986, 1986.

[153] Brühwiler, E.; Wittmann, F. H.: „The wedge splitting test, a new method of performing stable fracture mechanics tests". Engineering Fracture Mechanics, vol. 35, no. 1–3, pp. 117–125, 1990.

[154] Kützing, L.: Tragfähigkeitsermittlung stahlfaserverstärkter Betone. Leipzig: Vieweg + Teubner, 2000.

[155] Marković, I.: High-Performance Hybrid-Fibre Concrete: Development and Utilisation. Delft: Delft University Press, 2006.

[156] Brameshuber, W.; Brockmann, T.: „Textilbewehrter ultrahochfester Beton", In: König, G.; Holschemacher, K.; Dehn, F. (Hrsg.): Ultrahochfester Beton. Innovationen im Bauwesen. Berlin: Bauwerk-Verlag, 2003, S. 121–130.

[157] Dils, J.; De Schutter, G.; Boel, V.; Braem, E.: „Influence of vacuum mixing on the mechanical properties of UHPC", In: Schmidt, M.; Fehling, E.; Glotzenbach, C.; Fröhlich, S.; Poitrowsky, S. (Hrsg.): Ultra-high performance concrete and nanotechnology in construction. Proceedings of Hipermat 2012. 3rd International Symposium on UHPC and Nanotechnology for High Performance Construction Materials. Kassel, March 7 - 9, 2012. S. 215–224.

[158] Dils, J.; Boel, V.; De Schutter, G.: „Influence of cement type and mixing pressure on air content, rheology and mechanical properties of UHPC". Construction and Building Materials, vol. 41, pp. 455–463, Apr. 2013.

[159] „Flüssigkeitsringpumpe". Wikipedia. 10-Juni-2013.

[160] ÖNORM EN 12350-7: Prüfung von Frischbeton, Luftgehalt - Druckverfahren. 2009.

Literatur

[161] ÖNORM EN 459-2: Baukalk - Prüfverfahren. 2010.

[162] ÖNORM EN 196-1: Prüfverfahren für Zement - Bestimmung der Festigkeit. 2005.

[163] ÖNORM EN 12390-6: Spaltzugfestigkeit von Probekörpern. 2005.

[164] ONR 23303: Prüfverfahren Beton (PVB) - Nationale Anwendung der Prüfnormen für Beton und seiner Ausgangsstoffe. 2010.

[165] ÖNORM EN 12617-4: Produkte für den Schutz und die Instandsetzung von Betontragwerken - Prüfverfahren - Bestimmung des Schwindens und des Quellens. 2002.

[166] Tschegg, E. K.: „Testing device for determining mechanical fracture characteristics and test body suitable for this purpose". AT390328 (B), 25-Apr-1990.

[167] ÖNORM B 3592: Bestimmung der Kerb-Spaltzugfestigkeit und der spezifischen Bruchenergie von Baustoffen, Baustoffverbindungen und Verbundwerkstoffen - Keilspaltmethode. 2011.

[168] Ritter, H. L.; Drake, L. C.: „Pressure Porosimeter and Determination of Complete Macropore-Size Distributions. Pressure Porosimeter and Determination of Complete Macropore-Size Distributions". Industrial & Engineering Chemistry Analytical Edition, vol. 17, no. 12, pp. 782–786, Dec. 1945.

[169] Drake, L. C.; Ritter, H. L.: „Macropore-Size Distributions in Some Typical Porous Substances". Industrial & Engineering Chemistry Analytical Edition, vol. 17, no. 12, pp. 787–791, Dec. 1945.

[170] Washburn, E. W.: „The Dynamics of Capillary Flow". Physical Review, vol. 17, no. 3, pp. 273–283, Mar. 1921.

[171] Washburn, E. W.; Bunting, E. N.: „Porosity: V. Recommended Procedures for Determining Porosity by Methods of Absorption". Journal of the American Ceramic Society, vol. 5, no. 1, pp. 48–56, 1922.

[172] ISO 15901-1: Pore size distribution and porosity of solid materials by mercury porosimetry and gas adsorption -- Part 1: Mercury porosimetry. 2005.

[173] DIN 66133: Bestimmung der Porenvolumenverteilung und der spezifischen Oberfläche von Feststoffen durch Quecksilberintrusion. 1993.

[174] Rootare, H. M.; Prenzlow, C. F.: „Surface areas from mercury porosimeter measurements". The Journal of Physical Chemistry, vol. 71, no. 8, pp. 2733–2736, Jul. 1967.

[175] Mayer, R. P.; Stowe, R. A.: „Mercury porosimetry—breakthrough pressure for penetration between packed spheres". Journal of Colloid Science, vol. 20, no. 8, pp. 893–911, Okt. 1965.

[176] Maage, M.: „Frost resistance and pore size distribution in bricks". Matériaux et Construction, vol. 17, no. 5, pp. 345–350, Sep. 1984.

[177] Adolphs, J.: „Einfluss der Luftfeuchte auf die Nanostruktur des Zementsteins". Zement und Beton, Bd. 5, 2009.

[178] Adolphs, J.; Setzer, M. J.; Heine, P.: „Changes in pore structure and mercury contact angle of hardened cement paste depending on relative humidity". Materials and Structures, vol. 35, no. 8, pp. 477–486, Sep. 2002.

[179] Diederichs, U.; Mertzsch, O.: „Behavior of Ultra High Strength Concrete at High Temperatures", In: Fehling, E.; Schmidt, M.; Stürwald, S. (Hrsg.): Ultra high performance concrete (UHPC). Proceedings of the Second International Symposium on Ultra High Performance Concrete. Kassel, Germany, March 05-07, 2008. S. 347-354.

[180] „PASCAL 440 (Pressurization by Automatic Speed-up and Continous Adjustment Logic)-Thermo Scientific". [Online]. http://www.thermoscientific.de/com/-cda/product/detail/1,1055,12954,00.html. [Zugegriffen: 09-Mai-2013].

[181] ÖNORM B 3303: Betonprüfung. 2002.

[182] Butz, M.: Quantitative Charakterisierung makroporöser Materialien mittels NMR-Mikroskopie. Dissertation, Humboldt-Universität Berlin, Berlin, 1999.

[183] Everett, D. H.: „Manual of symbols and terminology for physicochemical quantities and units. Appendix II: Definitions, terminology and symbols in colloid and surface chemistry. Part I". Pure and Applied Chemistry, vol. 31, pp. 577–638, 1972.

[184] Setzer, M. J.: „Interaction of water with hardened cement paste". Conf. Advances in Cementitious Materials, vol. 16, pp. 415–439, 1991.

i want morebooks!

Buy your books fast and straightforward online - at one of world's fastest growing online book stores! Environmentally sound due to Print-on-Demand technologies.

Buy your books online at
www.get-morebooks.com

Kaufen Sie Ihre Bücher schnell und unkompliziert online – auf einer der am schnellsten wachsenden Buchhandelsplattformen weltweit! Dank Print-On-Demand umwelt- und ressourcenschonend produziert.

Bücher schneller online kaufen
www.morebooks.de

 VDM Verlagsservicegesellschaft mbH
Heinrich-Böcking-Str. 6-8   Telefon: +49 681 3720 174   info@vdm-vsg.de
D - 66121 Saarbrücken   Telefax: +49 681 3720 1749   www.vdm-vsg.de

Printed by Books on Demand GmbH, Norderstedt / Germany